U0307824

多模态深度学习发展前沿

THE FOREFRONT OF MULTIMODAL DEEP LEARNING DEVELOPMENT

王佳英 单菁 马晓萱◎著

辽宁人民出版社

图书在版编目（CIP）数据

多模态深度学习发展前沿 / 王佳英，单菁，马晓萱著. -- 沈阳：辽宁人民出版社，2024. 12. -- ISBN 978-7-205-11381-0

Ⅰ. TP181

中国国家版本馆CIP数据核字第2024X7B770号

出版发行：辽宁人民出版社
地址：沈阳市和平区十一纬路25号　邮编：110003
电话：024-23284325（邮　购）　024-23284300（发行部）
http://www.lnpph.com.cn
印　　刷：辽宁新华印务有限公司
幅面尺寸：165mm×235mm
印　　张：14
字　　数：230千字
出版时间：2024年12月第1版
印刷时间：2024年12月第1次印刷
责任编辑：青　云
装帧设计：G-Design
责任校对：吴艳杰
书　　号：ISBN 978-7-205-11381-0

定　　价：68.00元

前言

多模态深度学习是一种研究视觉、语言、音频等多种模态数据之间关联性的技术。本书是一本探讨多模态深度学习领域最新进展和应用的专业书籍。本书涵盖了多个关键领域，包括多模态语音识别、多模态虚假新闻的检测与处理、视频文本跨模态检索、多模态在人机交互领域的应用、基于多模态的知识图谱、基于多模态的图像检索、基于多模态动作识别、多模态情绪识别方法、多模态多标签情感识别方法、多模态文物复原、基于深度学习的手语翻译技术、文本生成语音模型以及自动驾驶场景下多模态视觉问答等。

本书首先系统介绍了多模态深度学习的基础知识，包括多模态数据的表示与融合、多模态表示学习方法及其模型评价指标，以及面对多模态任务时的挑战和困难。随后，针对各个领域的具体问题，本书深入探讨了相关的研究进展和最新技术。读者将了解到多模态语音识别的方法和应用，以及如何利用多模态数据来检测和处理虚假新闻。此外，书中还介绍了视频文本跨模态检索的技术和算法，以及多模态在人机交互领域的创新应用。

进一步地，本书讨论了基于多模态的知识图谱构建方法及其应用，以及如何利用多模态数据进行图像检索和动作识别。读者将了解到多模态情绪识别的最新方法和实践，以及多模态多标签情感识别方法，并了解多模态技术在文物复原领域的具体应用。此外，书中还深入探讨了基于深度学习的手语翻译技术和文本生成语音模型的发展。最后，本书介绍了自动驾驶场景下的多模态视觉问答技术及其应用。

本书综合了最新的研究进展和实际应用案例，以期为学术界的研究人员、工程师和对多模态深度学习感兴趣的读者提供一份全面而深入的参考资料及一个全面了解多模态深度学习领域发展前沿的窗口。

目录

第一章　多模态深度学习基础

多模态技术涉及不同信息模态（如文本、图像、音频等）的集成和处理，广泛应用于人机交互、机器翻译、智能监控等领域。本章综述了多模态技术的难点与应对方法。

首先，介绍了多模态的基础概念，包括其定义、应用场景以及工作原理。其次，详细分析了多模态技术面临的难点。这些难点主要包括模态间的异构性、数据同步问题、信息冗余与互补性处理，以及模态融合的复杂性等。这些难点限制了多模态技术的性能和应用范围，需要寻找有效的应对方法。

针对这些难点，本章进一步探讨了多模态技术的改进方法。一方面，多模态融合技术被提出以解决模态间的异构性和数据同步问题，通过算法设计实现不同模态信息的有效整合。另一方面，模态对齐技术关注信息的冗余与互补性处理，通过优化算法和模型结构，提升多模态信息的利用效率。

此外，文章还讨论了如何通过进一步的技术创新和优化，推动多模态技术在更广泛领域的应用和发展。通过这些方法，多模态技术有望在人工智能技术的推动下，实现更加显著的突破，为未来智能系统的建设和应用提供有力支持。

本章的综述不仅有助于深入理解多模态技术所面临的挑战，也为相关研究者和开发者提供了有价值的参考和启发，促进了多模态技术在实践中的持续创新和应用。

一、多模态基础概念

（一）模态

模态是指一种特定的表达或感知事物的方式，它涵盖了各种信息的来源或形式。在日常生活中，每一种我们用来接收或传递信息的途径，都可以被定义为一种模态。举例来说，人类有触觉、听觉、视觉和嗅觉，这些都是不同的感知模态；信息的媒介有语音、视频、文字等，每种都是不同的表达模态；此外，各种传感器如雷达、红外、加速度计等，也属于不同的数据采集模态。总之，每种方式都代表着特定类型的数据或信息来源[1]。

相较于多媒体（multi-media）数据划分中的图像、语音、文本等形式，“模态”这一概念更为精细和具体。它不仅区分了不同类型的数据，而且在同一媒介下也能够识别出不同的模态。举例来说，两种不同的语言可以被视作不同的文本模态；同样，在不同情境下采集到的数据集也可以被认为是不同的模态。模态的概念帮助我们更精确地理解和分类各种数据及信息的形式和来源。

（二）多模态

多模态是指通过多个不同的模态来共同表达或感知事物，模拟人类综合多种感官信息理解世界的方式。多模态可以分为两大类：同质性的模态和异质性的模态。同质性的模态是指来自相同类型但来源不同的数据，例如，从两台不同角度或设置下拍摄的相机图片；而异质性的模态则涉及不同类型的数据，如图片与文本、语音与视频等之间的关联[2]。

多模态的表现形式多种多样，以下三种形式是其主要的表现。

1. 描述同一对象的多媒体数据

例如，在互联网环境中，对某一特定对象的描述可能涉及视频、图片、语音、文本等多种信息形式。图 1.1 中列举了典型的多模态信息形式。

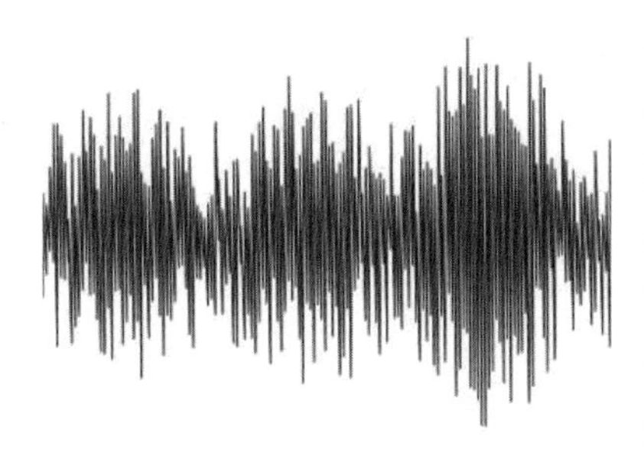

It snowed in the evening. Flakes of snow were drifting down. If you walked in the snow, you can hear a creaking sound.

图 1.1　“下雪”场景的多模态数据（图像、音频与文本）

2. 来自不同传感器的同一类媒体数据

例如，在医学影像学中，不同的检查设备如 B 超（B–scan ultrasonography）、计算机断层扫描（CT）、核磁共振等产生的图像数据，或者在物联网背景下不同传感器所检测到的同一对象数据。

3. 具有不同数据结构特点和表示形式的表意符号与信息

例如，描述同一对象的结构化和非结构化数据单元，或者描述同一数学概念的公式、逻辑符号、函数图及解释性文本，还包括描述同一语义的词向量、词袋、知识图谱等语义符号单元。

通常，研究多模态数据的主要模态包括“3V”：verbal（文本）、vocal（语音）、visual（视觉），如图 1.2 所示。这些模态涵盖了人类常用的主要感知和表达方式，为理解和处理多模态数据提供了基础。

Verbal
Lexicon
Words
Syntax
Part-of-speech
Dependencies
Pragmatics
Discourse acts

Vocal
Prosody
Intonation
Voice quality
Vocal expressions
Laughter, moans

Visual
Gestures
Head gestures
Eye gestures
Arm gestures
Body language
Body posture
Proxemics
Eye contact
Head gaze
Eye gaze
Facial expressions
FACS action units
Smile, frowning

图 1.2　三种主要模态及其交互行为

（三）多模态学习

多模态学习是一种先进的机器学习范式，它专注于从多种模态的数据中提取知识并不断提升自身的算法性能。这种学习方式并不仅仅局限于某一特定的算法，而是一系列算法的集合，它们共同构成了多模态机器学习的研究领域。

从语义感知的角度来看，多模态数据涵盖了人类通过不同感知通道接收到的信息，包括视觉、听觉、触觉、嗅觉等多种感官通道的输入。这些通道各自携带了关于环境的不同方面的信息，为机器学习提供了丰富的学习资源。在数据层面，多模态数据可以被理解为多种数据类型的复合体，它包括了图片、数值、文本、符号、音频、时间序列等不同类型的数据，以及更复杂的数据结构，如集合、树、图等。这些数据类型和结构的组合，形成了一种复合数据形式，它们相互交织，共同构成了多模态数据的复杂网络。此外，多模态数据还可以扩展到来自不同数据库、不同知识库的各种信息资源的组合，这些资源跨越了不同的领域和维度，为机器学习提供了广泛的知识背景[3]。因此，对多源异构数据的挖掘和分析，可以理解为多模态学习的一部分。这种学习方式要求算法能够理解和处理不同模态之间的关联性，提取和融合跨模态的信息，从而在更高层次上形成对数据的全面理解。多模态机器学习的目标是通过这些算法，使机器能够像人类一样，从多种感官信息中综合出有意义的信息，以实现更精准的预测、更深入的理解和更有效的决策。

二、多模态具体任务

（一）跨模态预训练

图像 / 视频与语言预训练是一种重要的机器学习技术，它通过大规模的数据集对模型进行训练，使其能够理解和处理图像、视频以及语言等多种模态的信息。这种预训练方式为模型提供了丰富的先验知识，使其在后续的任务中表现出更好的泛化能力[4]。

跨模态预训练涉及多个领域，以下是其中一些具体的应用。

1. 机器翻译

机器翻译（machine translation），该技术旨在将输入的语言 A（可以是即时输入的，也可以是预先存储的文本）准确、流畅地翻译为另一种语言 B。这不仅包括文本翻译，还涉及多种变体，如唇读（lip reading）和语音翻译（speech translation）。唇读技术是将人的唇部运动视觉信息转化为文本信息，而语音翻译则是在识别语音内容的基础上，将其翻译成另一种语言的文本。

2. 图片描述或视频描述

图片描述（image captioning）或视频描述（video captioning），这两种技术分别针对静态图像和动态视频进行处理。图片描述旨在为给定的图片生成一段简洁、准确的文字描述，以传达图片中的主要内容、场景和情感。视频描述则是对视频内容进行概括，形成一段文字描述，使人们能够快速了解视频的主题和关键信息。

3. 语音合成

语音合成（speech synthesis），这一技术又称为文本到语音（text-to-speech, TTS），它根据输入的文本信息，通过算法自动合成一段自然、流畅的语音信号。语音合成在语音助手、有声读物、智能客服等领域有着广泛的应用。通过预训练，语音合成模型可以更好地模仿人类语音的音色、语调和节奏，提高合成语音的真实感和可懂度。

（二）文本到语言（Language-Audio）

1. 文本到语音合成

文本到语音合成（text-to-speech synthesis），该技术允许根据给定的文本信息生成与之对应的听起来自然、流畅且具有适当情感色彩的声音。其应用广泛，涵盖了语音助手、有声书、语音广播等领域，极大地提升了人机交互的自然度和用户体验。

2. 音频描述

音频描述（audio captioning），该技术是给定一段语音输入，智能地生成一句或几句话来总结并描述语音的主要内容。音频描述是一种创新的声音内容概括技术，它不同于语音识别，后者侧重于将语音信号转换成文字记录。音频描述在提供语音内容的快速摘要、增强听力辅助设备的实用性以及改善音频内容的可访问性等方面具有广泛的应用潜力。

（三）视觉到语言（Vision-Audio）

1. 视听语音识别

视听语音识别（audio-visual speech recognition），这是一种结合了视觉和听觉信息的语音识别技术。在这种技术中，给定某人的视频及其语音信号，系统会利用视频中的面部表情、唇部运动以及语音信号本身，进行更准确的语音识别。这种方法能够提高在嘈杂环境或存在多种语言混杂情况下的语音识别准确率，对于提升智能助手、会议记录和实时翻译等的应用效果具有重要意义。

2. 视频声源分离

视频声源分离（video sound separation），该技术针对给定的视频和混合声音信号（其中可能包含多个不同的声源），能够有效地定位和分离各个声源。这项技术能够识别并提取出视频中的特定声音，比如人声、音乐或者环境噪音，并将其分离开来，以便于更清晰地进行声音分析、编辑或者增强特定声源的听觉体验。

3. 声音驱动的图像生成

声音驱动的图像生成（image generation from audio），根据给定的声音信号，生成与之相关的图像内容。这种技术可以应用于创造音乐视频、声音可视化工具，或者辅助艺术家在创作过程中寻找灵感。通过分析声音的频率、节奏和音色等特征，该技术能够生成与声音情感和氛围相匹配的视觉内容。

4. 语音条件的人脸生成

语音条件的人脸生成（speech-conditioned face generation），根据输入的一段话，生成与之匹配的说话者的视频。这项技术涉及语音驱动的面部表情合成，需要精确地捕捉语音中的音素、语调和情感，并将其转换为逼真的面部运动和表情，从而创建出看似真实的说话视频。

5. 声音驱动的 3D 人脸动画

声音驱动的 3D 人脸动画（audio-driven 3D facial animation），结合给定的语音输入和 3D 人脸模型，能够生成说话者在不同情境下的动态面部表情和口型动画，为虚拟角色的表达和情感传达增添了生动性和真实感。

（四）视觉到文本（Vision-Language）

1. 图像 / 视频文检索

图像 / 视频文检索（image/video-text retrieval）是一种信息检索技术，它实现了图像或视频与文本之间的相互检索。这种技术允许用户通过文本查询来找到相关的图像或视频，或者通过图像和视频来寻找匹配的文本描述。它广泛应用于搜索引擎、数字图书馆、内容管理系统等领域，大大提高了用户在大量多媒体数据中查找信息的效率。

2. 图像 / 视频描述

图像 / 视频描述（image/video captioning），给定一个图像或视频，通过算法生成一段文本描述，概括和表达视觉内容的主要信息。这项技术对于辅助视觉障碍人士理解视觉信息、自动生成视频字幕、增强搜索引擎的图像搜索结果等方面具有重要意义。

3. 视觉问答

视觉问答（visual question answering），给定一个图像或视频以及一个与视觉内容相关的问题，然后预测或生成正确的答案。这项技术在智能助手、教育辅助、交互式多媒体应用等领域有着广泛的应用前景。

4. 文本生成图像或视频

文本生成图像或视频（image/video generation from text），根据给定的文本描述，自动生成相应的图像或视频内容。这项技术可以用于创意内容制作、虚拟现实、游戏开发等领域，它使得文本信息能够直观地转化为视觉体验。

5. 多模态机器翻译

多模态机器翻译（multimodal machine translation），给定一种语言的文本与该文本对应的图像，将其翻译为另外一种语言。这种方法能够更准确地传达原文的含义，尤其是在涉及文化差异和视觉隐喻的翻译中。

6. 视觉—语言导航

视觉—语言导航（vision-and-language navigation），给定自然语言指导，智能体利用视觉传感器来识别环境中的对象和特征，从而导航到特定的目标位置。这项技术在自动驾驶、机器人导航和增强现实等领域具有潜在的应用价值。

7. 多模态对话

多模态对话（multimodal dialog），这是一种复杂的对话系统，它结合了图像、历史对话以及与图像相关的问题来预测和生成对话的回答。这种技术能够更好地理解用户的意图和上下文信息，提供更自然、更准确的交互体验，适用于智能客服、虚拟助手等场景。

（五）定位相关的任务

1. 视觉定位

视觉定位（visual grounding），给定一个图像与一段文本描述，能够准确地定位到文本所描述的物体在图像中的位置。这项技术对于图像理解、机器人导航、增强现实等领域至关重要，它使得计算机能够更好地理解人类语言与视觉世界之间的关联。

2. 时域语言定位

时域语言定位（temporal language localization），给定一个视频和一段文本描述，需要定位到文本所描述的动作在视频中的具体时间段，即预测动作的起始和结束时间。这项技术在视频编辑、内容检索、行为分析等领域有着重要的应用，它能够帮助用户快速找到视频中感兴趣的部分。

3. 基于文本查询的视频摘要

基于文本查询的视频摘要（video summarization from text query），这是一种视频摘要技术，它根据给定的文本查询（query）与一个完整的视频，提取出与查询内容相关的视频关键帧或关键片段，并将这些关键元素组合成一个简短的摘要视频。这项技术大大提高了视频内容的处理速度，使得用户能够快速获取视频的精华部分。

4. 基于自然语言查询的视频分割

基于自然语言查询的视频分割（video segmentation from natural language query），它根据给定的文本查询（query）与一个视频，自动分割并提取出视频中与查询描述相关的物体或场景。这项技术在视频编辑、对象分析、内容创建等方面具有广泛应用，它简化了视频内容的处理流程。

5. 视频语言推理

视频语言推理（video-language inference），给定一个视频（可能包含视频的字幕信息）和一段文本假设（hypothesis），需要判断视频内容是否包含这段文本的语义，即进行二分类的语义蕴含判断。这项技术在视频内容审核、信息提取等方面具有重要价值。

6. 基于自然语言查询的对象跟踪

基于自然语言查询的对象跟踪（object tracking from natural language query），结合给定的一段视频和一些文本描述，能够追踪视频中文本所描述的对象。这项技术在监控、体育分析、自动驾驶等领域有着广泛的应用，它能够帮助用户持续关注视频中的特定对象。

7. 语言引导的图像 / 视频编辑

语言引导的图像 / 视频编辑（language-guided image/video editing），根据语

言指令自动编辑图像或视频，实现自动化的图像处理和视频编辑，使得用户能够通过简单的语言输入完成复杂的视觉内容编辑任务。这项技术可以应用于快速修图、内容生成、个性化媒体制作等场景，极大地简化了图像和视频编辑的复杂流程，提高了创作效率。

（六）其他模态任务

1. 情感计算

情感计算（affect computing），利用语音、视觉（包括人脸表情识别）、文本信息、心电图、脑电图等多种模态进行情感识别和分析，旨在准确捕捉和理解个体情感状态及其变化，广泛应用于情感智能系统的开发和心理健康监测。

2. 医疗成像

医疗成像(medical imaging)，不同的医疗图像模态包括计算机断层扫描(CT)、磁共振成像（MRI）、正电子发射断层扫描（PET）等。每种模态都有其独特的优势和适用范围，例如，CT擅长显示骨骼和肺部结构，MRI则适用于软组织的详细成像，而PET则可以显示体内的代谢活动。这些图像模态为医生提供了丰富的诊断信息，有助于更准确地识别和跟踪疾病。

3.RGB-D模态

RGB-D模态（RGB-D modalities），结合了RGB（彩色）图像和深度图像，通过深度传感器获取环境和物体的三维信息，用于智能导航、增强现实、姿态识别等领域，提升了机器视觉系统在复杂环境中的感知能力和交互性能。

三、多模态融合方法

（一）非模型化方法

非模型化的多模态融合方法[5]可以分为早期融合、晚期融合和混合融合三种方式。

1. 早期融合

早期融合（early fusion）是学者对多模态融合的早期尝试，指在模型的浅层（或输入层）将多个模态的特征拼接起来，然后级联深度网络结构，最后接上分类器或其他模型。早期融合通过学习各模态底层特征的相关性，只需训练一个共同的模型，复杂度可控。然而，不同模态的数据来源不一致会给拼接造成困难，并且直接对原始数据进行拼接会增加特征维度，对数据预处理要求高度敏感。

2. 晚期融合

晚期融合（late fusion）则采取了一种不同的策略，即分别独立训练针对各模态的模型，然后在预测层（最后一层）进行融合，这种融合方式可被视为一种集成学习方法（ensemble methods）。晚期融合的优点在于各模态数据的处理是独立的，特征之间互不干扰，从而使得即便某个模态的信息缺失，其他模态仍可正常训练，展现出较高的灵活性。然而，这种方法未能充分利用模态间底层特征的相关性，并且由于需要对多个模态分别进行训练，因此可能会带来较高的计算成本。

3. 混合融合

混合融合（hybrid fusion）结合了早期融合和晚期融合的优点，并在模型的中间层引入特征交互。混合融合采用了一种逐级融合的策略，在不同的网络层级上依次进行多模态特征的融合。这种逐级融合方式兼具早期和晚期融合的优点，既考虑了模态间信息的相关性，又保持了处理过程中的灵活性。目前，大多数多模态融合研究倾向于采用这种混合融合方法。

（二）基于模型的方法

1. 深度神经网络

深度神经网络（deep neural networks），神经网络通过端到端的训练方式，能够学习到数据的高级抽象表示。在处理序列数据或图像数据时，深度神经网络常常采用长短期记忆网络（LSTM）、卷积层（convolutional layers）、注意力层（attention layers）、门机制（gate mechanisms）以及双线性融合（bilinear fusion）等复杂的设计，以实现数据间丰富的交互和深层次的特征提取。这些结构使得深度神经网络在语音识别、图像分类、自然语言处理等领域表现出色，能够有效地捕捉到数据中的复杂模式和关系。

2. 多核学习

多核学习（multiple kernel learning），这是一种将不同的核函数应用于不同的数据模态或视图的技术。通过优化多个核函数的组合来更好地捕捉不同模态数据的特征，从而提高融合效果和模型性能。这种方法在处理异构数据时尤为有效，它可以在保持模型灵活性的同时，提高模型的泛化能力和预测精度。

3. 图形模型

图形模型（graphical models），这是一种用于表示变量间依赖关系的概率模型，它们通过图形结构来描述数据间的联合概率分布（生成式）或条件概率分布（判别式）。在图形模型中，隐马尔可夫模型（HMM）和贝叶斯网络是两种常用的模型。这些模型不仅能够有效地融合多模态数据，还能提供数据间复杂的依赖关系和概率推断。

四、多模态任务的难点与挑战

（一）协同学习

协同学习（co-learning）领域[6]探讨了如何利用从一个模态中学到的知识来辅助在不同模态上训练的计算模型，尤其是在某个模态的资源受限（例如，缺乏带注释的数据）的情况下，这一策略显得尤为重要。在这种设置中，辅助模态（helper modality）通常仅在模型训练阶段发挥作用，而在模型的测试或应用阶段不参与。

多模态学习应用的发展简史可以概述如下。

1. 视听语音识别（audio-visual speech recognition, AVSR）。多模态研究的早期实例之一是 AVSR，其研究动机源于麦格克效应，即人类在言语感知过程中听觉和视觉信息的相互作用。例如，当受试者听到“/ba-ba/”音节的同时看到某人发出“/ga-ga/”音节的嘴唇动作时，他们可能会感知到“/da-da/”的音节。这一发现促使语音识别领域的研究人员开始利用视觉信息来增强他们的方法。尽管 AVSR 的初衷是提升各种情境下的语音识别性能，但实验结果表明，视觉信息的主要贡献在于当语音信号受到噪声干扰时，即信噪比较低的情况下。换言之，不同模式之间的相互作用是补充性的而非互补性的，它们捕获了相同的信息，从而提高了多模态模型的鲁棒性，但在无噪声环境下并未显著提升语音识别性能。

2. 多媒体内容索引和检索。多模态应用的另一个重要领域是多媒体内容索引和检索。早期的方法主要依赖关键字进行视频内容的索引和搜索，但随着直接搜索视觉和多模态内容的需求出现，新的研究问题也随之产生。这推动了多媒体内容分析的新研究方向，如自动镜头边界检测和视频摘要。美国国家标准与技术研究所的 Trec Vid 倡议支持了这些研究项目，并引入了多个高质量的数据集，包括 2011 年启动的多媒体事件检测（MED）任务。

3. 模态交互。20 世纪初，多模态研究的第三个重要应用领域围绕多模态交互展开，旨在理解社交互动中的人类多模态行为。该领域的首批里程碑数据集之一是 AMI 会议语料库，它包含了超过 100 小时的会议视频记录，所有内容均经过完整转录和注释。另一个重要的数据集是 SEMAINE 语料库，它用于研究说话者和听众之间的人际动态。

4. 图像字幕与视觉问答。近年来，图像字幕（image captioning，也称为媒体描述）成为代表性的多模态应用之一，其任务是为输入的图像生成文本描述。图像字幕和生成的关键挑战在于评估：如何评估预测描述与媒体内容的准确性。视觉问答（visual question answering, VQA）任务的提出，通过提供正确答案，解决了部分评估挑战。

（二）多模态表示

在机器学习领域，特征表示的优劣对模型的性能有着决定性的影响。一个良好的特征表示应当具备以下属性：平滑性、时间和空间一致性、稀疏性以及自然聚类等。Srivastava 和 Salakhutdinov 进一步扩展了这一概念，针对多模态表示提出了额外的理想属性：首先，表示空间中的相似性应当映射到相应概念的相似性；其次，即使在某些模态数据缺失的情况下，表示的获取应当仍然是可行的；最后，应当能够对观察到的缺失模态进行有效的填充。

多模态表示[7]涉及构建来自多个信息源的数据表示，这对于多模态问题而言至关重要，并构成了模型的基石。然而，多模态表示的构建面临着以下挑战：

1. 如何有效地组合来自异构数据源的信息；

2. 如何处理数据中不同级别的噪声；

3. 如何应对数据缺失的问题。

这些困难要求研究人员在设计和优化多模态表示时，采取细致的策略和方法，以确保模型能够准确地捕捉和利用多模态数据中的复杂关系。

（三）多模态翻译

在多模态机器学习领域，一个核心的研究方向涉及不同模态之间的转换或映射。具体而言，这一领域关注的是如何将一种模态中的实体转换成另一种模态中相应的实体。例如，我们可能需要将给定的图像转换成描述该图像的句子，或者将文本描述转换成与之对应的图像。多模态翻译[8]作为一个长期的研究问题，其早期研究涵盖了语音合成、视觉语音生成、视频描述以及跨模态检索[9]等多个方面。

尽管多模态翻译的方法多种多样，并且通常针对特定模态设计，但这些方法之间存在一些共通的特性。本书将这些方法分为两大类：基于示例的模型（example-based）和生成模型（generative）。基于示例的模型在进行模态间转换时依赖构建的字典，这种方法类似于非参数机器学习，其中模型通过查找预先定义的映射来进行翻译。相反，生成模型则构建一个能够直接生成翻译结果的模型，这种方法更类似于参数机器学习，其中模型通过学习参数化的函数来执行翻译任务。

这种分类反映了多模态翻译研究中的一种基本区分，即基于示例的方法与生成式方法之间的差异，类似于在机器学习领域中非参数方法与参数方法之间的对比。通过这种分类，我们可以更好地理解多模态翻译领域的不同研究路径及其各自的优缺点。

（四）多模态对齐

多模态对齐技术旨在识别和建立两种或多种模态中实例的子组件之间的

相互关系和对应关系。例如，当给定一张图像和一个标题时，多模态对齐的目标是确定哪些图像区域与标题中的单词或短语相对应。另一个应用场景是，当给定一部电影时，将电影与其所依据的剧本或书籍章节进行对齐。多模态对齐的能力在多媒体检索领域尤为重要，因为它使得用户能够通过文本查询来搜索视频内容。例如，这种技术可以用于查找电影中特定角色出现的场景，或者检索包含特定对象（如蓝色椅子）的图像。因此，多模态对齐不仅涉及理解不同模态之间的关联，而且还涉及如何利用这些关联来提高检索系统的效率和准确性。

（五）多模态融合

多模态融合[10]是多模态机器学习领域的核心议题之一。早期、晚期和混合融合方法是这一领域中研究最为广泛的策略。技术上，多模态融合涉及整合来自不同模态的信息，旨在实现对结果度量的预测，这可以是分类（如情绪的分类为快乐或悲伤）或回归（如情绪积极性的连续值）。多模态融合的研究可以追溯到20多年前，是多模态机器学习研究的热点之一。

对多模态融合的兴趣源于它所能提供的三个主要优势。首先，通过观察同一现象的多种模式，可以实现更稳健的预测。例如，视听语音识别领域特别强调了这一点。其次，访问多种模式可能使我们能够捕获在单一模式中不可见的补充信息。最后，即使其中一种模式缺失，多模态系统仍能继续运行。例如，当人不说话时，从视觉信号中识别情绪就是一个典型的例子。这些优势使得多模态融合成为多模态机器学习研究中的一个关键方向。

（六）多模态协同学习

多模态协同学习[11]利用一种资源丰富的模态的知识来辅助对资源有限的模态进行建模。当某种模态的资源不足，例如缺乏注释数据、输入信号嘈杂或标签不可靠时，这种方法尤为重要。在大多数情况下，辅助模态仅在模型训练阶段发挥作用，而在测试阶段则不参与。本书根据训练资源的不同，将协同学习方法分为三类：并行方法、非并行方法和混合方法。

并行方法需要一个训练数据集，其中一种模式的观察结果与其他模式的观察结果直接相关，即多模态观察来自相同的实例。例如，在视听语音数据集中，视频和语音样本来自同一说话者，因此它们之间存在直接关联。这种方法能够充分利用多模态数据之间的内在联系，从而提高模型的性能。与并行方法不同，非并行方法不需要不同模态观察结果之间的直接联系。这些方法通常通过类别重叠来实现共同学习。例如，在零样本学习中，可以利用维基百科的纯文本数据集来扩展传统的视觉对象识别数据集，从而提高视觉对象识别的泛化能力。这种方法的优势在于它可以处理没有直接关联的多模态数据，但可能需要更复杂的模型设计和更强的特征提取能力。混合方法结合了并行方法和非并行方法的优点，通过共享模态或数据集来桥接不同模态之间的联系。例如，在混合数据设置中，可以同时使用视觉和文本数据来训练模型，并在测试阶段仅使用其中一种模态的数据。这种方法能够充分利用不同模态之间的互补性，从而提高模型的性能。

总体来说，多模态协同学习是一个有效的方法，可以提高模型在资源受限情况下的性能。通过选择合适的协同学习方法，研究人员可以根据具体的应用场景和数据资源来设计更有效的多模态模型。

五、多模态融合技术

（一）面向多模态数据的融合技术

在多模态数据融合领域，关键的技术涵盖了面向多源异构数据的文本扩充、多模态数据表示学习和多模态知识图谱实体对齐三个方面。这些技术的核心在于有效地整合和处理来自不同来源和结构的数据，以实现更高层次的语义理解和信息提取。本节依次对这三方面技术进行介绍和分类阐述。

1. 面向多源异构数据的文本扩充

面向多源异构数据的文本扩充[12]是多模态数据融合的关键步骤，它涉及将来自不同来源和模态的数据转换为文本形式，从而丰富和扩展多模态知识图谱的文本知识表示。例如，从摄像机捕获的图片和视频信息可以通过光学字符识别（optical character recognition，OCR）和自动语音识别（automatic speech recognition，ASR）技术转化为文本内容，进而整合到多模态知识图谱中。在多模态数据转换为文本的过程中，OCR 技术扮演着重要角色，它通过处理具有复杂背景的图像，实现图像到文本的转换。例如，Levenshtein OCR 模型是一种轻量化的图片转文字模型。IMKGASM 模型采用多模态细粒度融合方法，结合 OCR 技术和 VGG 网络，从图像和视频帧中提取文本信息，并通过查询“转换”为推理路径，为图片转文本提供了新的方法。在医疗领域，文本扩充技术被应用于对患者在咨询过程中的病历、情绪和手势信息进行分析并识别为加权实体，这些实体被传入医学知识图谱中，通过融合技术形成患者个性化多模态知识图谱，以辅助个性化诊疗。

OCR 技术通过提取图像中视觉特征进一步映射到文本序列，实现高准确度的文本识别，研究 OCR 技术有利于结合视觉信息扩充多模态知识图谱。ASR 技术则通过处理音频信息，将语音转换为文本。这种技术在复杂的语音数据中实现准确的文本转录，为医疗应用提供支持。例如，一种多模态关系负采样框架引入了一种新颖的知识引导跨模态注意机制，在视觉、声音、文本三个模态间转换中取得了优异的性能。ASR 技术通常利用大量语音数据进行训练，能够识别不同方言和语种的语音，并将其转换为文本。进一步研究 ASR 技术有助于将音频信息融入多模态知识图谱中。

从多源异构数据中提取文本信息并融合到多模态知识图谱的过程中，涉及数据融合和语义一致性问题，因此需要使用知识图谱表示学习和实体对齐技术。这些技术确保了多模态数据在转换和融合过程中的准确性和一致性，从而提高了多模态知识图谱的质量和实用性。

2. 多模态数据表示学习

在将多模态数据融合到知识图谱（knowledge graph, KG）的过程中，关键步骤包括从不同模态中提取特征和应用表示学习技术。多模态数据的特征提取通常分为文本特征提取、图像特征提取和音频特征提取三个类别。

文本特征提取利用自然语言处理技术，如词嵌入（word embeddings）、Word2Vec、GloVe 等技术，将文本数据转换为向量形式，以捕捉语义信息。这些技术能够将文本数据转换为高维空间中的连续向量，从而方便后续的表示学习和模型训练。图像特征提取通过视觉神经网络提取图像的特征，能够捕获图像中的视觉信息，如形状、颜色、纹理等，为多模态融合提供视觉层面的支持。音频特征提取使用循环神经网络等语音特征处理技术，捕捉音频数据中的时间序列信息。这些技术能够将音频信号转换为时间序列的向量表示，有助于理解和分析音频内容。

表示学习技术则对多模态数据特征进行高维映射，辅助构建多模态知识图谱。例如，使用 TransE、DistMult 等技术对知识表示进行建模，将多模态数据特征与知识图谱中的实体和关系嵌入同一向量空间中，以促进不同模态数据间的语义连接。以图像—文本多模态知识图谱构建为例，首先通过神经网络和注意力机制提取图像特征，然后使用表示学习技术对实体与图像实例进行表示，生成聚合图像实体表示，最后构建多模态知识图谱。

多模态知识图谱构建采用的表示学习方法主要分为四类：基于距离的模型、基于随机游走的模型、基于语义匹配的模型和基于图神经网络的模型。其中，图神经网络具有较强的图结构数据特征表达能力，能够深入挖掘学习多模态知识图谱的结构信息，并结合多模态信息对信息进行深度编码。例如，文献中提到的将原始知识图谱转化为超节点图，并使用图注意力网络辅助表示和融合多模态实体，进而辅助构建多模态知识图谱。

3. 多模态知识图谱实体对齐

多模态知识图谱（multimodal knowledge graph, MMKG）中的实体对齐是关键技术之一[13]，旨在有效地对跨模态数据进行实体关联，以确保数据的一致性和语义连贯性。实体对齐的过程首先将不同模态的实体映射到一个低维向量空间，然后利用空间中的几何结构捕捉实体之间的语义关系，同时弱化不同模态间的异构性，最终建立不同实体在多模态环境中的联系和对应语义关系。文献[14]使用多语言知识嵌入方法，为多模态信息实体对齐提供了参考。文献[15]采用对比学习方法，通过视觉编码器和文本编码器提取特征，计算图像实体和文本实体的匹配度，为对齐中文跨模态实体提供了参考。Sun 等人[16]将知识嵌入模型 TransE 与图注意力机制结合，初步解决了多模态实体对齐问题。Liu 等人[17]基于数据集 Freebase15k、YAGO15k 和 DB15k 构建了多模态知识图谱，涉及三个知识图谱间的实体对齐，为学者提供了评估多模态知识图谱对齐模型的基本数据。Zhao 等人[18]使用词向量相似度计算与跨模态实体匹配模块，为实体对齐提供了新方法。Ma 等人[19]提出 MMEA 模型，解决了图片、文本数据与多模态知识图谱内部实体对齐问题。Zhang 等人[20]不仅将图片与文本数据对齐，还增加了对多模态知识嵌入表示内容的研究，提高了多模态知识图谱实体对齐的准确度。Zhu 等人[21]使用特征抽取机制对特征进行学习，引入自适应分配注意力权重及模态间增强融合技术，取得了新的进展。

总之，多模态知识图谱实体对齐的关键技术分为两种：一种是使用已有的知识图谱对齐方式，通过不断迭代对多模态信息特征进行学习，但存在类别有限和泛化能力较差等问题；另一种是引入外部信息，增强实体语境含义，如已有多模态知识图谱 VisualSem 和 GAIA，但代价高且相关成熟技术较少，需要高质量多模态数据。

（二）跨模态知识图谱融合

本节介绍了跨模态知识图谱融合的概念及其实现方法。跨模态知识图谱融合是指利用跨模态预训练模型提取多模态数据的特征，然后通过多模态知识融合技术将不同模态中的知识链接到其他模态，从而构建一个综合的多模态知识图谱。在本节中，笔者对常用的跨模态特征抽取模型和最新的多模态知识融合技术进行了系统的介绍和分类阐述。

1. 视觉特征抽取模型

视觉特征抽取模型是一种专门设计用于学习图像信息的高层次特征的模型。这些模型通过在图像数据集上进行训练，能够有效地抽取图像的视觉特征，并将其表示为特征向量。这种特征抽取的过程对于图像识别、分类和检索等视觉任务至关重要，是这些任务中的基础组成部分。

值得注意的是，视觉特征抽取模型能够在没有完整标注图像数据集的情况下进行训练。这种模型的优势在于能够有效提取图像特征，同时减少训练所需的时间。这种特性使得该模型成为数据量较少的跨模态知识图谱融合过程中的技术支撑，为融合多模态数据提供了有力的工具。

2. 复杂文本特征抽取模型

在构建多模态知识图谱的过程中，文本信息的处理和转换是一个关键步骤。文本需要被转化为固定大小的向量表示，这些向量作为节点或边的特征，以辅助构建包含多种模态信息的知识图谱。由于多模态信息之间通常需要通过文本特征进行间接关联计算，因此文本特征抽取成了一个不可忽视的技术。

随着自然语言处理（natural language processing, NLP）技术的发展，文本预训练模型为复杂文本特征提取提供了强有力的技术支撑。这些预训练模型，如 Transformer、BERT、ERNIE、ELMo、XLNet 和 GPT 系列模型，已经被广泛应用于 NLP 领域，并成为构建多模态知识图谱的重要工具。具体来说，这些模型的特点和应用如下。

（1）Transformer 模型。Transformer 模型通过多层网络结构，能够捕捉长文本中的上下文特征，并计算每个词语之间的关系，从而有效地抽取文本特征。

（2）BERT 模型。BERT 模型采用双向注意力机制和多层网络结构，能够捕捉长文本中的上下文特征，并以 BERT 为基础拓展出 BERT 家族，为多模态知识融合提供了强大的支撑基础。

（3）ERNIE 模型。ERNIE 模型底层依然使用 Transformer，通过将文本中的不同知识领域进行融合建模，该模型将不同的知识应用于自然语言处理任务中，提高自然语言处理任务的准确性和效率。

（4）ELMo 模型。ELMo 模型使用双向 LSTM 网络对每个词语的上下文信息进行抽取，从而抽取长文本特征。

（5）XLNet 模型。XLNet 模型考虑上下文信息、当前词语和其他词语的关系，从而提高了模型的效果。XLNet 使用掩蔽语言模型和排列语言模型，能够更好地处理长文本。

（6）GPT 系列模型。GPT 模型是 OpenAI 于 2019 年提出的预训练模型，使用多层 Transformer 编码器并加入自我学习能力。该模型能够将输入文本转换为高维度的向量表示，并通过解码器转换为自然语言。例如，ChatGPT 4.0 使用生成式大模型理解语义，完成文本特征学习任务。

这些模型在对长文本和跨语言的文本数据特征抽取时表现出色，可用于在多模态知识图谱中进行文本语义消歧、实体识别等任务。通过这些技术，多模态知识图谱能够更好地融合不同模态的信息，实现更准确和更高效的多模态知识表示和应用。

3. 音频特征抽取模型

在构建多模态知识图谱的过程中，音频特征的抽取是至关重要的一环。音频特征抽取模型能够从原始信号中识别并提取出有用的特征，这些特征可以用于构建模型如 VALL–E，其结构图能有效地将音频信息符号化并充分融合信息与音频特征，从而获取音频中的关键信息。

具体而言，音频特征抽取模型通过处理原始信号，提取出在语音识别、情感分析等应用中具有重要作用的声学特征，例如声谱图、声调特征等。这些特征被用来建立符号化的音频信息表示，以便更好地与其他模态的信息进行融合。模型如 VALL–E 采用先进的结构图算法，能够快速而精确地处理这些音频特征，从而增强对音频内容的理解和分析能力。

因此，音频特征抽取模型在多模态知识图谱的建设中发挥着重要作用，为多模态数据的整合和语义理解提供了关键技术支持。

（三）跨模态融合技术

在多模态知识图谱的构建中，跨模态知识融合技术的研究和应用日益重要。根据现有研究，在如 Image Graph 和 Richpedia 等多模态知识图谱中，跨模态知识融合技术可以进一步分为基于多模态预训练模型的技术和基于跨模态的融合技术。基于多模态预训练模型的技术，如图像—文本分类任务通过多模态预训练模型将特征向量拼接得到融合向量，并通过加入全连接层学习模态间的表层特征，辅助构建多模态知识图谱，但对于模态间深层的交互仍存在问题。基于跨模态的融合技术，如多模态预训练技术结合对比学习和聚类等思想可提供深层次模态间的特征交互，但仍是发展初期。本节通过分类和系统综述，旨在填补当前技术综述中的这一空白。

1. 基于多模态预训练模型的技术

目前，多模态知识图谱构建过程中大多数技术是基于多模态预训练模型提供融合技术的。跨模态知识图谱基于预训练模型对跨模态信息特征进行提取，并使用融合技术得到多模态知识图谱。这种方法有助于避免文本歧义，因此在跨模态中结合多模态预训练模型技术，提出多模态预训练技术。

2. 基于跨模态的融合技术

基于跨模态的融合技术是指结合模型中的不同思想改进模型，使其更适用于多模态知识图谱融合。如 IMF 模型通过深度学习技术整合文本、图像等多模态信息，并结合交互式融合技术捕捉不同模态间复杂关系，从而提高链接预测的准确性和质量。Meta-LM 模型利用语言模型开放式输出空间，使用因果语言建模泛化和情境学习，使用非因果建模在任务、语言和模式间转移并将这两种方法连接。M3ER 模型基于多模态协同学习思想，结合自适应权重机制将多个模态特征加权融合，广泛应用于医疗图像处理、视频行为识别和智能家居等领域，为图像—视频多模态知识图谱融合提供新思路。MFN 模型基于视觉—文本多模态融合技术，使用共享模型提取图像和文本特征，在图像描述生成、视觉问答和多模态机器翻译中取得较好效果。

总之，这些技术不仅丰富了跨模态知识融合领域的方法学，也为构建更为复杂和准确的多模态知识图谱提供了有力支持和新的发展方向。

六、模态对齐

（一）基于翻译模型的实体对齐

在当前的知识图谱研究领域，实体对齐技术已成为一个关键议题。近年来，伴随着表示学习技术的兴起与发展，实体对齐任务得以充分利用这一先进技术。该领域的核心研究焦点在于如何将不同知识图谱中的实体嵌入同一潜在空间中，进而通过实体嵌入之间的距离来量化其相似性。

在这一研究方向上，TransE 方法无疑是最具代表性和影响力的。作为首个基于翻译的实体对齐方法，TransE 为后续研究奠定了基础。在此基础上，众多研究对 TransE 模型进行了不同程度的改进。例如，MTransE 模型通过学习两个 KGs 的实体嵌入表示，设计了空间转换机制，以实现对不同语言实体的嵌入和对齐，从而为多语言应用场景提供了有效的解决方案。

BootEA 方法则提出了基于平移嵌入学习的自举对齐模型，而 OTEA 方法则创新性地联合使用了 KG 的结构信息与最优输运理论来实现实体对齐。这三种方法虽各有特色，但它们共同的问题是，都主要关注实体的单个三元组，仅能捕捉实体之间的一跳关系，并默认不同三元组是相互独立的。这种假设在实体之间的语义传播过程中是不合理的，因为它忽略了实体间的复杂关联。

针对这一问题，IPTransE 方法考虑了图谱间的异构性和复杂性，通过扩展种子序列对并采用基于路径的翻译模型进行训练，从而获得图谱嵌入。此外，IPTransE 还通过推断直接关系和多跳路径之间的等价性来建模关系路径。RSN 方法则采用循环跳转网络来捕获实体的长期关系依赖，并考虑了跨知识图谱的关系路径。这些方法从路径的角度获取实体语义信息，显著提升了模型的对齐性能。

然而，上述方法在实体对齐过程中并未充分利用知识图谱本身的结构信息，这可能导致在多跳邻居依赖关系的建模上存在不足。因此，未来的研究应当致力于整合知识图谱的结构信息，以更全面地捕捉实体间的复杂关系，从而进一步提高实体对齐的准确性和效率。

（二）基于图卷积网络的实体对齐

在图数据分析领域，图神经网络（graph neural network, GNN）因其卓越的性能而备受关注。鉴于知识图谱的本质为图结构，近年来，GNN 已自然而然地被广泛应用于各种自然语言处理（NLP）任务，如语义角色标记和机器翻译等。与基于 TransE 的模型不同，后者在重建每个三元组时并未进行区分，基于 GNN 的嵌入模型则能够聚合实体的邻域信息和图拓扑信息，进而生成更为精准的实体嵌入。

Hwang 等人[22]提出的 GCN-Align 模型是 GNN 的一种变体，该模型通过多层 GCN 网络实现信息传递和特征提取，通过聚合周围节点的特征向量，获取了更为丰富的特征表示，从而提高了实体匹配的准确性和鲁棒性。尽管 GCN-Align

模型成功地编码了图信息，但它主要关注实体节点的对齐，而忽略了关系边的信息。

HGCN 模型则考虑了实体对齐中的关系，它不依赖预先对齐的关系种子，而是利用基于 GCN 框架学习到的实体嵌入来近似这些关系，并通过迭代共同学习高质量嵌入表示，以适应不同规模和类型的数据源。这种方法在实际应用中具有灵活的调整和优化能力。然而，HGCN 在同时学习实体表示和关系表示时，容易产生误差积累和传播的问题。

RDGCN 是一种针对异构数据源实体对齐问题的图卷积神经网络方法。它通过对原始图与对偶图之间的相互作用进行建模，有效地处理了密集的知识图谱数据。然而，RDGCN 不适合现实世界的图分布，且无法有效处理长尾实体。

AliNet 模型则利用多跳邻域来扩展邻域结构之间的重叠，并引入关系损失和门控机制来控制不同跳邻域的聚集，旨在缓解邻域结构的非同构性问题。尽管如此，AliNet 在利用三元组的语义信息方面仍有不足，对于表述相似但指代不同的实体，其生成的嵌入区分度不高。

总体来看，尽管现有基于 GNN 的实体对齐方法在处理图数据方面取得了显著进展，但在关系信息的利用、长尾实体的处理以及三元组语义信息的充分挖掘等方面仍存在挑战。未来的研究应当致力于解决这些问题，以进一步提升实体对齐的性能和适用范围。

（三）融合侧面信息的实体对齐

在实体对齐的研究中，上述两种类型的方法使用结构和邻域信息来学习更好的嵌入表示，然而，这些方法可能不可避免地引入噪声，尤其是在采用门控策略时，往往默认所有一跳节点具有同等的重要性，但事实并非如此。为了弥补对齐学习中有限的监督信号，近期研究开始通过检索实体的侧面信息来增强监督，这些信息包括数值信息、实体属性、实体名称、文本描述、关系类型，甚至场景视图和附加策略。

多模态实体对齐（multi-modal entity alignment, MMEA）利用径向基函数将数

值信息转换为高维空间的嵌入表示，并通过连接运算得到实体嵌入。在实体名称嵌入向量的获取上，文献使用了 word2vec、fastText 和随机初始化等方法，以避免改变嵌入表示维度和添加操作，从而将实体名称信息整合到前阶段的嵌入表示中。实体描述或关系的嵌入式表示则通过一个简单的全连接网络层获得。在此基础上，一些研究仅以实体名称信息作为监督信号扩展种子对，并通过迭代策略提升嵌入表示的性能。然而，这些方法主要在表示层面上利用实体的多方面信息，未能充分发挥辅助信息的作用。

在采用附加策略的方法中，EASY 提出了一种端到端的实体对齐框架，该框架首先引入基于名称的实体对齐过程（name-based entity alignment procedure, NEAP）以获得初始对齐，然后通过基于结构的细化策略迭代纠正 NEAP 产生的不对齐实体。然而，这种方法未能充分考虑实体名称作为初始对齐数据时可能引入的噪声，因为它无法有效表示一词多义的情况。OntoEA 方法将本体信息集成到知识图谱建模过程中，以避免在对齐过程中同一名称不同类型的实体发生冲突。

然而，并非所有冲突关系在本体层面都有明确的定义，因此这种方法主要适用于特定领域的实体对齐任务。RPR-RHGT 方法集成了知识图谱中的关系和路径结构信息以及异构信息，是近几年来首个成功利用不受限制路径信息的算法。尽管如此，其性能并未超越大多数现有方法。在将视觉模态（图像）应用于实体对齐的方法中，基于多模态对比学习的实体对齐（multi-modal contrastive learning based entity alignment, MCLEA）首先从多种模式中学习个体的表征，然后执行对比学习来联合建模模态内和模态间的交互作用。MEAformer 提出了一种多模态实体对齐的 transformer 方法，该方法能够动态预测实体级特征并聚合模态间的相互相关系数。这些方法实现了模态间的增强融合，并动态学习模态内和模态间的交互信息。然而，它们忽略了不同模态间数据覆盖不完全问题的影响。

总体来看，尽管现有方法在实体对齐方面取得了一定的进展，但在噪声处理、一词多义表示、本体信息利用、路径信息整合以及多模态数据融合等方面仍存在挑战。未来的研究应当致力于解决这些问题，以进一步提升实体对齐方法的性能和适用范围。

七、多模态常用评价指标

多模态深度学习模型涉及对来自不同模态（如文本、图像、音频等）的数据进行联合学习，以创建能够有效表示和利用这些数据模式的模型。评估这些模型的性能是研究的关键环节，涉及一系列精细化的评价指标。以下是一些常用的评价指标：

对于分类任务，准确率（accuracy）是衡量模型正确分类样本的比例，是最直接的评估指标。而精确率（precision）、召回率（recall）和F1分数（F1 score）则提供了关于模型在特定类别上的性能的更深入理解。精确率是指模型预测为正类的样本中实际为正类的比例。召回率是指实际为正类的样本中被模型正确预测为正类的比例。F1分数是精确率和召回率的调和平均数，用于综合评价模型的精确性和鲁棒性。混淆矩阵（confusion matrix）进一步揭示了模型的分类细节，包括真正例（TP）、假正例（FP）、真负例（TN）和假负例（FN）。在回归任务中，均方误差（mean squared error, MSE）和平均绝对误差（mean absolute error, MAE）用于量化预测值与真实值之间的差异。针对图像质量评估，结构相似性指数（structural similarity index, SSIM）用于衡量两幅图像的结构相似性，峰值信噪比（peak signal-to-noise ratio, PSNR）常用于图像和视频压缩领域，衡量重建信号与原始信号之间的差异。在文本和图像嵌入比较中，余弦相似度（cosine similarity）衡量向量间的方向相似性。在机器翻译任务中，BLEU（bilingual evaluation understudy）通过比较机器生成的翻译与人工翻译的重叠度来评估翻译质量。ROUGE（recall-oriented understudy for gisting evaluation）通过比较模型生成的摘要与参考摘要的重叠度来评估自动文摘和机器翻译的性能。

此外，模型的收敛速度、参数效率和计算效率也是评价模型实用性的重要方面，它们分别反映了模型训练的效率、模型的复杂度和资源消耗。综上所述，多模态深度学习模型的评估需综合考虑这些评价指标，以全面、客观地衡量模型的性能，并指导模型的优化和改进。

/ 本章小结 /

本章旨在深入探讨多模态深度学习的基本原理，并详细阐述其在多个基础任务中的应用。具体而言，笔者介绍了以下关键任务：视听语音识别，它结合了视觉和听觉信息以提升语音识别的准确性；文本到语音合成，这项技术将文本信息转换为听起来自然的语音；声音驱动的图像生成，它利用声音信号来生成相应的视觉内容；图像/视频文本检索，这涉及从图像或视频数据中检索出相关的文本描述；视觉问答，它要求系统理解图像内容并能回答与图像相关的问题等。

此外，本章重点讨论了多模态融合方法，这些方法旨在整合来自不同模态的信息以提升整体性能。笔者区分了两种主要的多模态融合策略：非模型化方法和基于模型的方法。非模型化方法通常不依赖复杂的模型结构，而基于模型的方法则利用深度学习架构来学习模态之间的相互作用。

随着深度学习技术的迅速进步，多模态任务面临着一系列挑战，这些挑战需要研究人员投入大量努力去解决。例如，如何有效地处理不同模态之间的时间对齐问题，如何从异构数据中提取和融合特征，以及如何设计出既准确又鲁棒的多模态学习模型。

在多模态深度学习领域，多模态融合技术无疑是一个核心知识点，它对于实现高效的多模态交互和理解至关重要。在本章最后，笔者概述了一些在多模态研究中常用的评价指标，这些指标对于评估多模态系统的性能至关重要。随后，笔者对本章内容进行了总结，以提供一个全面的多模态深度学习概览。

第二章　多模态语音识别

在当今社会，计算机已成为人们日常生活中的一个不可或缺的组成部分。人们通过键盘、鼠标、触屏等肢体媒介与计算机进行交互，然而，这些传统的交互方式已逐渐无法满足科技快速发展的需求。相比之下，语音作为一种自然的交互途径，在人与计算机之间的交流中具有显著优势，因此，语音识别技术成为研究的热点领域。

传统的语音识别系统大多基于声学特征，如梅尔频率倒谱系数（MFCC）等，但这些特征在表达语音信号的语义信息方面存在局限性，且易受环境噪声、说话者口音等因素的影响，导致识别准确率不尽如人意。鉴于此，多模态语音识别，特别是融合视觉信息的语音识别方法，因其更强的鲁棒性而受到关注。在视觉信息中，人脸唇部区域的运动是表情的重要组成部分，唇部特征对于理解语音信息起着至关重要的作用。

近十几年来，语音识别技术作为实现人机交互和推动人工智能发展的关键技术，受到了国内外专家的广泛关注和深入研究，并取得了显著的技术进步。这些成果使得自动语音识别系统在产品应用中逐步成熟。然而，在大规模词汇连续语音识别领域，研究仍面临诸多挑战。近年来，基于深度神经网络—隐马尔可夫模型（DNN-HMM）的声学模型已成为语音识别系统的主流框架[23]。

为了解决这些问题，本章提出了一种基于深度学习的多模态语音识别方法，该方法通过结合语音信号与图像信息，将人脸唇部图像特征与语音特征进行融合，以提升声学模型的准确性和鲁棒性。具体研究步骤如下：首先，设计并构建大规模的连续中文语料库，利用专业设备进行语音录制；其次，通过实验选取并融合不同维度的唇部特征和语音特征，实现多模态特征融合；最后，进行声学模型的建模、训练及解码，以验证方法的有效性和性能优势。

一、相关工作

在探讨语音识别技术的发展历程及其与深度学习的融合过程中，我们可以观察到以下几个关键阶段和进展。

首先，深度学习技术的兴起为语音识别领域带来了革命性的变革。2006 年，Hinton 提出了深度置信网络（deep belief networks，DBN）的概念[24]，这一技术为神经网络的权重初始化提供了新的方法。同年，Hinton 和 Mohamed 将深度神经网络（deep neural network，DNN）应用于语音识别的声学建模环节[25]，并在 Timit 数据集上取得了较高的音素识别正确率。这一成果引起了业界的广泛关注，标志着语音识别与深度学习结合的开始。

接着，2011 年，微软的研究人员俞栋、邓力等人[26]提出了基于上下文相关（content dependent，CD）的神经网络与隐马尔可夫模型（HMM）相结合的声学模型。该模型（CD-DNN-HMM）在处理大规模词汇量的连续语音识别任务上取得了显著的性能提升，大幅降低了语音识别错误率，进一步推动了基于 DNN 的声学模型研究。

随后，卷积神经网络（convolutional neural network，CNN）在图像识别领域的成功应用，促使研究人员将其应用于语音识别领域。2013 年，Abdel-Hamid 等人[27]将语音的频谱图作为 CNN 的输入进行语音识别，利用 CNN 的平移不变性来应对语音信号的多样性。

近年来，端到端的语音识别系统成为研究热点。这类系统主要采用两种实现方法：基于时序分类的训练准则（connectionist temporal classification，CTC）和基于 attention 机制的模型。端到端系统解决了传统语音识别中假设不合理的缺点，但其稳定性依赖大规模语料的训练。

在我国，语音识别技术的研究起步较早，但发展相对缓慢。1958年，中科院声学所开始研究电子管电路在语音识别中的应用，1973年开始利用网络进行语音识别研究。此后，国内外各大院校和科研机构纷纷开展语音识别研究，主要聚焦于大词汇量和中等词汇量的语音识别，取得了显著成果。

如今，我国的语音识别技术研究水平已达到世界先进水平，特别是在汉语连续语音识别方面取得了深入的研究成果。相较于端到端系统，DNN与HMM相结合的声音混合系统在处理小规模语料和连续声音鉴别方面具有一定的优势[28]。总体来看，我国在语音识别技术领域的持续投入和深入研究，为推动该领域的发展作出了重要贡献。

二、语音识别

语音识别是一种将人类语音转换为机器可读文本的技术，它融合了信号处理、模式识别、自然语言处理和机器学习等多个学科。该技术的工作流程包括声音捕获、预处理、特征提取、模式匹配和解码识别。它分为孤立词识别和连续语音识别，同时也可用于说话者识别。关键技术包括声学模型、语言模型和解码器。语音识别广泛应用于智能家居、移动应用、客服、医疗、汽车和教育等多个领域[29]。随着端到端学习、深度学习技术的发展，以及多语言和低资源语音识别研究的深入，语音识别的准确性和应用范围正在不断扩大，极大地促进了人机交互的便捷性和信息处理技术的智能化。

（一）基于GMM-HMM声学建模

在当前的语音识别领域，Gaussian Mixture Model-Hidden Markov Model（GMM-HMM）是一种广泛采用的声学模型。如图2.1所示，GMM-HMM的核心是一种统计模型，它旨在描述两个相互依赖的随机过程：一个是观测过程，另一个是隐藏的马尔可夫过程。

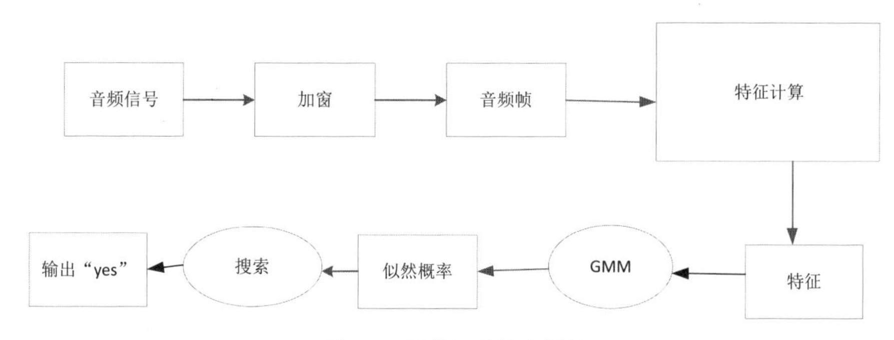

图 2.1　语音识别整体框架

具体而言，GMM-HMM 模型中的观测过程由混合高斯模型（gaussian mixture model，GMM）来表征，它负责对语音信号的声学特征进行建模。GMM 是一种概率密度模型，它假设特征向量是由多个高斯分布的混合生成的。每个高斯分布代表了声学特征空间中的一个子区域，而混合模型则能够捕捉特征分布的复杂性和多模态特性。

与此同时，隐藏的马尔可夫过程则由隐马尔可夫模型（hidden markov model，HMM）来描述，它表示了语音信号中潜在的、不可观测的状态转移序列。HMM 假设这些状态之间的转移遵循一定的概率分布，且当前状态仅依赖前一个状态，这与语音信号的连续性和动态特性相吻合。

在训练 GMM-HMM 语音识别系统时，目标是最小化经验风险，在联合概率的框架下进行。这意味着优化的目标是最大化模型对于训练数据中观测到的语音声学特征序列及其对应的语言标签序列的联合概率。这一过程涉及两个层面的匹配：一是帧级别的声学特征与 GMM 的匹配；二是整个序列的标签与 HMM 状态的对应。

为了实现这一目标，通常采用最大似然估计（maximum likelihood estimation，MLE）来调整模型的参数，包括 GMM 的混合成分权重、均值向量、协方差矩阵，以及 HMM 的状态转移概率和初始状态概率。通过迭代优化算法，如前向—后向算法和 Baum-Welch 算法（也称为前向—后向算法的期望最大化形式），可以有效地估计这些参数，从而提高语音识别系统的性能。

总之，GMM-HMM 模型通过结合 GMM 对声学特征的建模能力和 HMM 对时间序列动态的描述能力，为语音识别提供了一种强有力的统计框架。尽管近年来深度学习技术在语音识别领域取得了显著进展，GMM-HMM 模型仍然在许多实际应用中发挥着重要作用，特别是在对计算资源有限和环境噪声敏感的场景中。

（二）DNN 声学建模

深度神经网络（DNN）是一种特殊类型的神经网络，其结构特征在于包含多个隐藏层。在神经网络体系结构中，DNN 可以被视作一种扩展的多层感知机（multilayer perceptron, MLP）。如图 2.2 所示，这里展示了一个具有三个主要层次结构的 DNN：输入层、一个或多个隐藏层以及输出层。

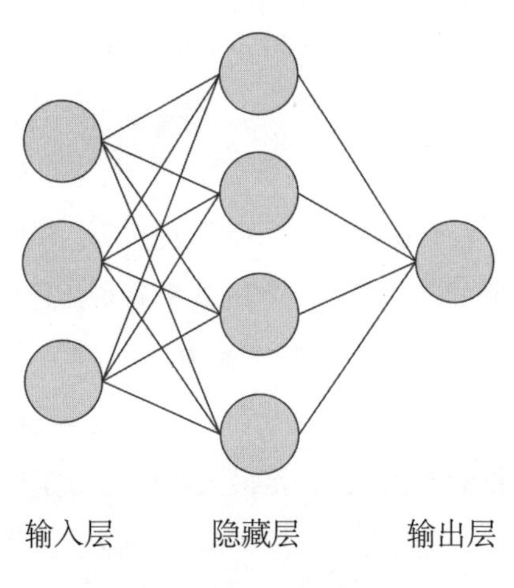

图 2.2　DNN 网络图例

在 DNN 的架构中，输入层负责接收原始数据，这些数据在通过网络的过程中被逐步转换和处理。隐藏层是 DNN 的核心，它们执行从输入到输出的非线性变换。每个隐藏层都由若干神经元组成，这些神经元通过权重连接到前一层的所有神经元，并通过激活函数引入非线性因素。

激活函数的选择对于 DNN 的性能至关重要，它们决定了神经元的输出。在 DNN 中，常用的激活函数包括以下几种。

Sigmoid 函数：它将输入映射到（0, 1）区间，是早期神经网络中广泛使用的激活函数。Sigmoid 函数的平滑、连续性质使其在处理分类问题时具有一定的优势。

双曲正切函数（tanh）：与 Sigmoid 函数类似，但它将输入映射到（-1, 1）区间。tanh 函数通常比 Sigmoid 函数表现更好，因为它能够处理负值，并且其输出范围更广，有助于缓解梯度消失问题。

整流线性单元（ReLU）：是目前深度学习中最为流行的激活函数之一。ReLU 函数在输入大于零时输出等于输入，而在输入小于零时输出为零。这种简单的线性特性使得 ReLU 在训练深度网络时能够显著加快收敛速度，并且在一定程度上减少了梯度消失的问题。

在 DNN 的设计中，选择合适的激活函数对于网络的训练效率和最终性能有着直接的影响。不同的激活函数具有各自的优缺点。例如，ReLU 由于其线性特性和稀疏性，通常能够更快地收敛，并且在某些情况下能够提供更好的泛化能力。然而，ReLU 也存在一些问题，如"死神经元"现象，这可能导致网络某些部分的权重永远不会更新，研究人员在实际应用中根据具体任务和网络结构进行选择，以最大化神经网络的表达能力和学习效果。

（三）DNN-HMM 混合模型

深度神经网络（DNN）模型在处理语音信号时面临一个挑战，即 DNN 模型通常要求输入特征具有固定的尺寸。由于语音信号是一种时间序列数据，其长度和特征随时间变化，因此无法直接使用 DNN 进行建模。为了解决这个问题，通常会结合隐马尔可夫模型（HMM）来描述语音信号的动态特性，从而提取出随时间变化的动态特征。在这种混合模型中，DNN 用于估计给定观察特征的概率分布。

DNN 与 HMM 的混合建模方法具有以下几项显著优势。

1. 更深入的建模构造

DNN 的多层结构使其能够学习到更加复杂的特征表示，这极大地提高了语言模型的表达能力。通过堆叠多个隐藏层，DNN 能够捕捉到语音信号中的高级抽象特征。

2. 更精确的建模精度

在 DNN 的输出层，单元可以被细化到更小的语言单元，如三音素状态。这种细粒度的建模使得对语音信号的刻画更加细致，从而提高了识别的准确性。

3. 更好的正则化技术

例如，dropout 作为一种有效的正则化手段，通过随机丢弃网络中的部分神经元，可以防止模型过拟合，增强模型的泛化能力。

4. 更强大的特征分析能力

DNN 能够从原始语音数据中提取出更深层次的信息，这些信息对于区分不同的语音单元至关重要。

5. 更强大的计算单元

利用图形处理单元（GPU）进行网络训练，可以显著提高计算效率，缩短训练时间，使得大规模的 DNN 训练成为可能。

总体来说，DNN 与 HMM 的混合建模方法在语音识别领域展现出其独特的优势，不仅提高了建模的深度和精度，还通过有效的正则化技术和强大的计算能力，增强了模型的泛化能力和训练效率。这些进步为语音识别技术的进一步发展奠定了坚实的基础。

三、唇部多模态

在语音识别领域，尽管技术进步已经带来了显著的成就，但在实际应用场景中，语音识别的性能往往受到环境噪音的影响而显著下降[30]。环境噪音的存在对声学信号的清晰度构成了挑战，从而影响了语音识别系统的准确性。

为了克服这一挑战，研究者们开始探索利用视觉信息作为辅助手段来提升语音识别的性能。视觉信息的一个重要优势在于其不受声学噪声的直接影响，因此可以作为一种补充信息源来增强语音识别的鲁棒性。在众多视觉信息中，唇部运动信息因其与语音产生的高度相关性而受到了特别的关注。唇部信息作为一种视觉信号，能够提供关于说话者发音的视觉表征。这种信息已被广泛应用于辅助语音识别系统[31]，尤其是在噪声环境下，唇部运动信息能够为语音信号提供重要的互补作用，提高噪声环境下的语音识别准确性。结合声学和视觉信息的多模态融合方法增强了系统的鲁棒性，为语音识别技术的发展提供了新视角和方法。

（一）声学特征提取

在语音识别的前处理阶段，音频信号的处理是至关重要的。

首先，音频信号经过加窗分帧处理，这一步骤通常采用 25 毫秒的窗长和 10 毫秒的帧移。这样的处理方式将连续的语音信号切割成一系列短时帧，以便于分析每个帧内的声学特性。

其次，为了增强信号在时域上的描述能力，对每一帧的语音波形进行变换。这一步骤涉及使用有效的声学特征提取算法，以从音频波形中提取出对语音识别有用的信息。目前，两种主要的声学特征提取算法是线性预测倒谱系数（linear prediction cepstral coefficients, LPCC）和梅尔倒谱系数（mel-frequency cepstral coefficients, MFCC）。MFCC 算法基于人耳的生理特性，通过将语音信号分帧后进行傅里叶变换，将时域信号转换为频域上的非线性频谱。随后，对每个频段的能量进行卷积运算，并最终应用离散余弦变换（discrete cosine transform, DCT）将频域信息转换为倒谱系数。具体流程如图 2.3 所示。

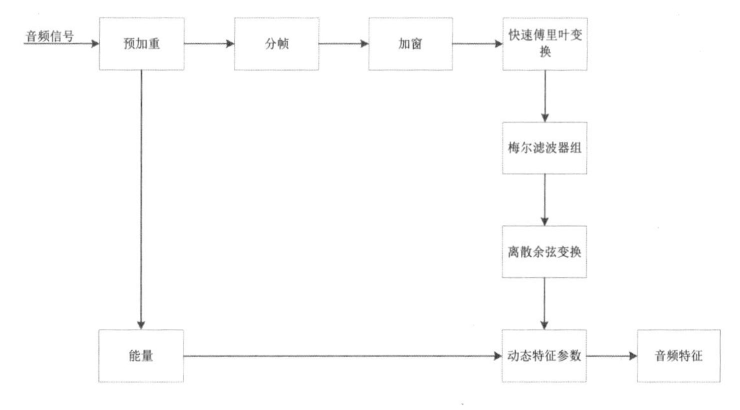

图 2.3　MFCC 过程图

（二）唇部特征提取

如图 2.4 所示，对唇部图像进行特征提取主要包括 6 个步骤，主要操作步骤描述如下所示。

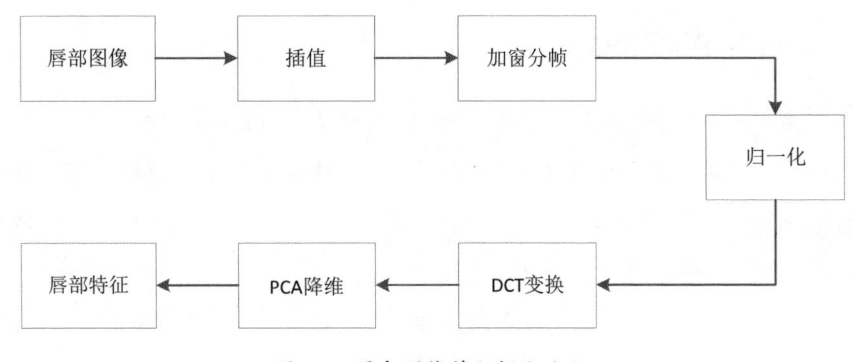

图 2.4　唇部图像特征提取流程

1. 加窗分帧。为了确保唇部图像与音频信号的同步，需要对唇部图像序列进行重采样，并设置与音频信号相同的窗长和窗移参数，将连续的唇部图像分割成一系列帧，从而保持图像帧与语音帧之间的连续性和同步性，为后续的特征提取和识别过程提供时间对齐的数据。

2. 离散余弦变换（DCT）。唇部图像特征在原始空间中通常是高度分散的，并且包含大量的冗余信息。直接进行计算会导致运算量过大，而且有效特征的权重可能会被非关键信息所稀释。因此，对每帧唇部图像特征进行压缩，并经过离散余弦变换操作，将图像特征转换到另一个域，从而减少特征冗余。

通过加窗分帧和离散余弦变换这两个关键步骤，可以有效地从唇部图像中提取出对语音识别有用的特征，同时确保这些特征与音频信号在时间上的同步，为构建鲁棒的唇读辅助语音识别系统奠定了基础。

（三）特征融合

特征融合方法是一种在信息处理的中层阶段进行的集成策略，其目的是通过对不同来源的原始信息进行综合分析和处理，以增强模型的表示能力。在此方法中，对于唇部二维图像数据和音频信息，分别提取其特征，并在合适的维度上进行融合。具体而言，针对唇部二维图像数据，首先根据图像中的像素信息抽象出高级特征。这些特征通常反映了唇部的形状、运动轨迹以及纹理等视觉属性。与此同时，音频信息通过声学特征提取技术，如梅尔倒谱系数（MFCC），被转换为一组能够代表语音信号声学特性的系数[32]。

在特征融合的过程中，选择合适的特征维度至关重要。这一步骤涉及将唇部图像的视觉特征与音频的 MFCC 特征进行拼接，形成一个新的、多维度的特征向量。这种融合策略不仅保留了各自特征的空间和时间信息，而且还通过结合不同模态的数据，增强了模型对语音信号的全面理解和表征。因此，特征融合方法在构建多模态语音识别系统中扮演着关键角色，有助于提高系统在复杂环境下的识别准确性和鲁棒性。

四、实验

（一）训练

1.GMM-HMM 模型训练

在语音识别领域，GMM-HMM 模型的训练核心在于结合混合高斯模型（GMM）和隐马尔可夫模型（HMM）来对语音信号的时序特征进行建模。

GMM-HMM 模型训练的主要步骤为：首先，为了降低说话者个体特征引起的差异，对输入的特征进行归一化处理，即所谓的 cepstral mean and variance normalization（CMVN）。这一步骤对于提高模型的泛化能力和减少训练数据的变异性至关重要。其次，使用归一化后的特征训练单音子模型。单音子模型是 GMM-HMM 框架中的基本单元，它对每个音素的状态进行建模。在这一阶段，GMM 用于计算每个 HMM 状态的概率密度函数，即发射概率。再次，利用单音子模型和 Viterbi 算法对训练数据中的句子进行强制对齐。强制对齐的目的是获取音素的精确切分信息，这对于后续的模型训练至关重要。最后，利用从强制对齐中获得的音素切分信息，进行三音子模型的训练。三音子模型考虑了音素之间的上下文关系，能够更准确地描述语音信号的动态特性。

在整个训练过程中，为了进一步提升模型的性能，会逐渐引入各种特征变换方法，如线性判别分析（linear discriminant analysis，LDA）、最大似然线性变换（maximum likelihood linear transform，MLLT）、特征空间的最大似然线性回归（speaker adaptive training, SAT）和特征空间的最大似然线性回归的因子分析（factorized maximum likelihood linear regression，fMLLR）等。这些变换方法有助于提取出更具区分性的特征，从而提高 GMM–HMM 模型在语音识别任务中的准确性和鲁棒性。

2.DNN–HMM 模型训练

在语音识别系统中，深度神经网络（DNN）模型的训练通常依赖之前已经训练好的 GMM 模型。DNN 模型的整体训练流程如图 2.5 所示，其核心在于利用 GMM 模型中的 LDA、MLLT 和 fMLLR 特征。

DNN 模型的声学模型训练可以分为三个主要阶段：预训练阶段、帧级别的交叉熵训练和序列区分性训练。在预训练阶段，基于受限玻尔兹曼机（restricted boltzmann machine, RBM）对每一层进行预训练，以学习特征的层次表示。在交叉熵训练阶段，首先需要对三音素状态进行绑定，将它们作为输入特征来训练 DNN。这一阶段主要采用小批量的随机梯度下降（Stochastic Gradient Descent, SGD）算法来实现。在逐帧进行训练时，DNN 默认使用 Sigmoid 隐藏单位和 Softmax 输出单位，以及全连接的图层结构。序列区分性（state–level minimum bayes risk, sMBR）训练阶段优化了神经网络对整个句子序列的建模能力。sMBR 的目标是最大化标注状态的期望，通过这种方式，DNN 模型能够更好地捕捉到句子中各个音素之间的关系，从而提高语音识别的准确性。

DNN 模型的训练是一个多阶段、迭代的过程，从基于 GMM 模型的特征提取，到 DNN 的预训练、交叉熵训练和序列区分性训练，这些训练阶段的有机组合，使得基于 DNN 的声学模型能够在复杂的语音信号中提取出更加高效和准确的特征表示，从而显著提升语音识别系统的性能和鲁棒性。

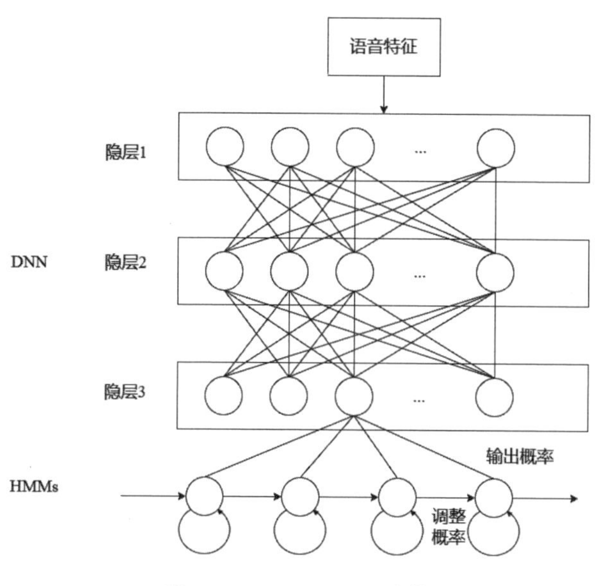

图 2.5　DNN−HMM 结构

（二）实验结果

笔者利用实验室录制的多模态数据库进行了实验，该数据库包含多种类型的数据，如唇部运动图像和音频信号。实验中，笔者选取了 40 个人的数据作为训练集，3 个人的数据作为测试集，以评估多模态特征在语音识别中的应用效果。测试集包含 9846 个字和 438 句话。实验采用了带声调的汉语发音字典和相同的语言模型作为基础。为了评估实验结果，选择了字的错误率和句子错误率作为评价标准。

表 2.1 展示了使用多模态融合特征进行单音子 GMM 模型训练时的解码结果。经过 12 轮的训练，获得了最优的识别结果。对于字典中的 9846 个字，识别错误数为 632，包括 74 个插入字、259 个删除字以及 299 个替换字，字的识别错误率为 6.42%。对于测试集中的 438 句话，识别错误数为 258 句，句子的识别错误率为 58.90%。

表 2.2 则展示了使用多模态特征进行三音素建模的 GMM 模型解码结果。同样经过 12 轮的训练，获得了最优的解码结果。与单音子模型相比，字识别率有了显著提高。对于字典中的 9846 个字，识别错误数为 256，包括 79 个插入字、

73 个删除字以及 104 个替换字，字的识别错误率降至 2.60%。对于测试集中的 438 句话，识别错误数为 182 句，句子的识别错误率降低至 41.55%。

表 2.1　单音子识别结果

n	errW	errS	Ins	del	sub	%WER	%SER
1	1176	365	169	198	809	11.94	83.33
2	1022	343	148	198	676	10.38	78.31
3	900	321	127	204	569	9.14	73.29
4	812	308	109	204	499	8.25	70.32
5	752	298	101	207	444	7.64	68.04
6	718	291	96	212	410	7.29	66.44
7	675	282	92	218	365	6.86	64.38
8	661	273	87	224	350	6.71	63.47
9	650	274	83	230	337	6.60	62.56
10	643	266	78	239	326	6.53	60.73
11	639	261	75	248	316	6.49	59.59
12	632	258	74	259	299	6.42	58.90
Best	**632**	**258**	**74**	**259**	**299**	**6.42**	**58.90**

注：加粗字体为每行最优值。（errW 代表字识别错误数，errS 代表句子识别错误数，Ins 代表插入，del 代表删除，sub 代表替换，%WER 代表字错误率，%SER 代表句子错误率）

表 2.2　三音素识别结果

n	errW	errS	Ins	del	sub	%WER	%SER
1	692	310	204	50	438	7.03	70.78
2	584	284	182	48	354	5.93	64.84
3	500	258	160	49	291	5.08	58.90
4	434	235	141	51	242	4.41	53.65
5	376	222	124	57	195	3.82	50.68
6	340	213	116	60	164	3.45	48.63
7	302	200	101	63	138	3.07	45.66
8	286	195	97	63	126	2.90	44.52

续表

n	errW	errS	Ins	del	sub	%WER	%SER
9	269	188	90	67	112	2.73	42.92
10	265	187	85	70	110	2.69	42.69
11	260	185	79	73	108	2.64	42.24
12	256	182	79	73	104	2.60	41.55
Best	**256**	**182**	**79**	**73**	**104**	**2.60**	**41.55**

注：加粗字体为每行最优值。（errW 代表字识别错误数，errS 代表句子识别错误数，Ins 代表插入，del 代表删除，sub 代表替换，%WER 代表字错误率，%SER 代表句子错误率）

/ 本章小结 /

在传统的语音识别系统中，声学模型的训练主要依赖纯音频信号，这一方法在英文语料库的纯净环境下取得了较好的效果。然而，当面对更为复杂的语境，尤其是中文语料库时，单一模态的 GMM-HMM 声学模型的表现并不理想。研究提出了一种基于深度学习的多模态语言识别方法[33]。具体来说，通过利用 Kinect 设备提取人脸唇部的影像数据，并结合音频信号，形成了一个多模态的特征集。这种方法旨在通过结合视觉信息和音频信息，提高语音识别系统在复杂语境下的性能。在 Kaldi 平台上，通过深度神经网络（DNN）实现了这一声学模型的建立和解码过程，以适应中文语料库的特点。

本章详细阐述了通过深度学习的多模态语言识别方法，并通过实验验证了其在提高语音识别准确性方面的有效性。这种方法不仅提高了语音识别的准确性和鲁棒性，而且为语音识别技术在实际场景中的应用提供了新的思路[34]。未来，笔者将继续深入研究语音识别领域的应用，进一步探索多模态语言识别方法在实际场景中的性能和可扩展性。随着技术的不断进步，我们有理由相信，多模态语言识别技术将在智能语音交互、智能家居、远程教育等领域发挥更大的作用。

第三章　多模态虚假新闻的检测与处理

在当今网络空间中，虚假舆论和虚假新闻的传播已成为一个日益严重的社会问题。网络空间中的视觉与文本形式的虚假信息泛滥，对公众认知和决策造成了负面影响。尽管现有技术已经发展出多种深度伪造检测和文本虚假新闻识别的方法，但这些方法往往局限于单模态的检测，无法深入分析跨模态间的复杂交互和微妙的伪造痕迹。鉴于此，本章致力于解决一个新兴的多模态假媒体研究问题——多模态虚假新闻的检测与处理[35]。多模态虚假新闻的识别不仅仅局限于辨识媒体的真实性，更重要的是对被篡改的内容（如图像的边界框与文本标注）进行基础性的处理，这要求我们对多模态媒体操纵进行更为深入的推理分析。

为了支持大规模的研究工作，本章采用了南洋理工大学与哈尔滨工业大学提供的 DGM4 数据集，该数据集包含通过多样化方法操作过的图像文本对，并附带有丰富的注释信息。这些数据为研究提供了丰富的样本，有助于模型的训练和评估。

本研究复现并研究了一种名为 Hierarchical Multi-modal Manipulation Reasoning Transformer（HAMMER）的模型。HAMMER 模型[36]的设计旨在充分捕捉不同模态之间的微妙交互关系。其实现功能的方法包括：（1）通过操作感知对比学习，在单模态编码器之间建立浅层篡改推理机制；（2）利用模态感知交叉注意力机制，在多模态聚合器中实现深度操作推理。为了验证模型的性能，本章采用了严格的评估指标。实验结果表明，HAMMER 模型在多模态虚假新闻检测与基础处理方面展现出显著的优越性。这为多模态虚假新闻的识别与处理提供了有效的技术手段，有助于构建更加健康和可靠的网络环境。

一、虚假新闻检测介绍

近年来，随着移动智能设备的普及和技术的进步，人们获取和分享信息的方式发生了显著变化。社交媒体平台，如微博、Twitter和抖音等，已成为人们获取信息、表达自我和沟通交流的重要渠道。这些平台的用户数量持续增长，信息数据也呈现爆炸式的增长态势。然而，随着信息量的增加，虚假新闻的数量也在同步爆发式增长，这给社会带来了严重的负面影响。虚假新闻的定义涵盖了多种类型，包括误导信息、虚假信息、未证实的传言，以及政治讽刺、娱乐、宣传等[37]。虚假新闻的广泛传播可能会混淆和操纵公众舆论，对个人和社会产生不良影响。因此，虚假新闻检测成为信息科学领域研究的热点之一。

当前，自动化虚假新闻检测的方法层出不穷，备受瞩目。现有的自动化虚假新闻检测方法的技术手段主要可以分为两大类：传统机器学习方法和深度学习方法。传统机器学习方法，如支持向量机（support vector machine, SVM）和决策树等，通常依赖人工从新闻相关信息中精细地提取特征。然而，虚假新闻的内容复杂多变，手工提取的特征往往难以全面且有效地反映虚假新闻的特点，这限制了传统机器学习方法的应用效果。相比之下，深度学习方法具有强大的学习和泛化能力，可以通过训练大量数据来不断优化模型，这使得深度学习在应对复杂多变的虚假新闻时更具优势，能够更好地适应不同场景和需求。例如，王国泰等人[38]分析和比较了处理自然语言的预训练语言模型，证明Bert模型取得了最佳的预测效果。Sheng等人[39]对Pref-FEND模型进行改进，利用语义挖掘扩充新闻中的风格词，同时，引入深度异构图卷积网络（hierarchically decomposed graph convolutional network, HDGCN）进行偏好学习，提高模型的性能。倪铭远等人[40]提出新闻检测模型GCN-ALBERT，建立包含局部信息和全局信息的新闻文本分类，从而实现虚假新闻检测。

尽管上述模型在虚假新闻检测任务中表现良好，但仍然存在一些问题。

1. 单一模态限制

大多数现有方法只关注新闻中的文字内容，而忽视了其他形式的信息，如图像、音频等，这些信息对于提高虚假新闻检测的准确性同样重要。

2. 缺乏跨模态的操纵特征推理

单一模态的检测方法往往只关注各自模态内的特征，而忽视了不同模态之间的关联和相互影响。在多模态媒体中，图像和文本之间的信息是相互补充和相互影响的，因此需要对两种模式之间的操纵特征进行更全面、更深入的推理。

3. 二元分类的局限性

当前的单一模态伪造检测方法通常采用二元分类的方式，即判断媒体是否为伪造。然而，对于多模态媒体操纵的检测，仅仅进行二元分类是不够的。

在 Twitter 数据集中，有一则关于台风桑迪的虚假新闻案例，其中包含的图片被恶意篡改。这种结合了图像和文本信息的呈现方式，对于识别和检测虚假新闻具有显著的辅助作用。图 3.1 展示了这种多模态虚假新闻的示例。

Text: wow! #hurricane #Sandy over lady liberty

Text: It's getting real out there. Stay safe everyone, including Lady Liberty! #Sandy

图 3.1　Twitter 虚假新闻示例

为了应对这一挑战，本节提出并复现了一个新的方法，即检测和接地多模态媒体操纵 DGM4。DGM4 方法旨在解决多模态媒体操纵的具体内容，例如操纵图像的边界框（bboxes）和文本标记。这种方法的核心在于对媒体内容进行深入分析，以便更准确地识别和定位被篡改的部分。实验结果表明，DGM4 方法在多模态虚假新闻检测和处理方面展现出良好的性能。它不仅能够准确地识别和定位被篡改的部分，而且能够提供可解释的解决方案。这为解决多模态媒体操纵问题提供了新的思路和技术手段。

二、相关研究

（一）多模态虚假新闻检测

随着虚假信息传播的复杂性和多样性不断增加，单一模态的信息已无法全面捕捉虚假新闻的特征。因此，结合文本、图像、视频等多种模态的信息进行综合分析和检测变得尤为重要。为了检测虚假新闻，研究人员需要对各种线索有敏锐的感知，同时还需要对现实世界背景有着深刻的理解。然而，基于小语言模型（small language model, SLMs）的检测器存在知识和能力限制，这使得它们在处理虚假新闻时仍然面临挑战[41]。SLMs 通常依赖有限的训练数据和预定义的知识库，这可能导致它们无法准确识别复杂的虚假信息。多模态虚假新闻检测方法的兴起为研究人员提供了一种新的解决方案。这种方法通过利用不同模态的信息相互补充，可以提高检测的准确性和鲁棒性。例如，文本信息可以提供虚假新闻的语义内容，而图像和视频信息可以提供视觉上的线索，帮助识别图像的篡改或视频的剪辑。

在虚假新闻检测领域，研究人员不断探索新的方法和技术，以应对日益复杂的虚假信息传播。Hu 等人[42]设计了一个自适应基本原理指导网络 ARG（adaptive basic principle guided），该网络能够从大型语言模型（large language model, LLM）中选择性地获取新闻分析的见解，为成本敏感的场景提供服务。这种方法通过 SLM（small language model）从 LLM 的基本原理中获取新闻分析的见解，从而提高虚假新闻检测的效率。Xu 等人[43]提出了 NAGASIL（negative sampling and state-enhanced generative adversarial self-Imitation learning）负采样和状态增强生成对抗性自模仿学习方法，该方法包含两项假新闻缓解揭秘选择策略，旨在缓解虚假新闻的负面效应。NAGASIL 通过负采样和状态增强，提高生成对抗性自模仿学习的效果，从而更好地检测和缓解虚假新闻。Yin 等人[44]提出了 GAMC（graphassisted multi-contextual embedding），一种无监督的虚假新闻检测技术。GAMC 通过自我监督学习，利用新闻传播的上下文和内容作为自我监督信号进行新闻检测，提高了虚假新闻检测的准确性。Lao 等人[45]研究了一种具有双重对比学习的新型频谱表示和融合网络（frequency spectrum representation and fusion network, FSRU），首次尝试在频域进行多模态谣言检测。FSRU 能够有效地将空间特征转化为频谱，获得具有高辨别力的频谱特征，用于多模态表示和融合，从而提高虚假新闻检测的性能。Koike 等人[46]通过上下文学习和对抗生成示例，检测由大型语言模型生成的文章。这种方法通过上下文学习和对抗生成示例，提高对由大型语言模型生成的文章的检测能力，从而减少虚假信息的传播。Guo 等人[47]介绍了一种可解释的虚假新闻检测方法，利用图证据来增强检测性能。这种方法通过图证据，提高虚假新闻检测的可解释性和准确性。Ying 等人[48]通过引入多视图表示的自举方法，提高虚假新闻检测的准确性。多视图表示的自举方法能够从不同的角度对虚假新闻进行检测，从而提高检测的准确性。Lin 等人[49]采用了一种基于即时学习的新型零样本框架，以检测不同领域或以不同语言呈现的谣言。这种方法能够从新的领域或语言中快速学习，从而提高虚假新闻检测的性能。最后，Ran 等人[50]提出了一种端到端实例和原型对比学习模型，具有交叉注意力机制，用于跨域谣言检测。这种模型能够从不同域的数据中学习，从而提高虚假新闻检测的准确性。这些研究展示了虚假新闻检测领域多样化的方法和持续创新的努力，为改善信息环境提供了积极的探索和支持。

（二）DGM 数据集

在本节中，笔者采用了由南洋理工大学与哈尔滨工业大学共同构建的 DGM4 数据集。这个数据集的构建充分考虑了现实世界的新闻来源，如《卫报》、BBC、《今日美国》和《华盛顿邮报》等，收集了大量高质量的图像文本对。为了创建具有以人为中心的场景，笔者对图像和文本模态进行数据过滤，只保留那些在内容上相互匹配、信息完整的样本，形成了源池 $O=\{po \mid po=(Io,To)\}$。

DGM4 数据集利用多种操作技术在图像和文本模态上构建，以模拟真实世界中的媒体操纵场景。每个样本都具有丰富、细致的标签，这些标签不仅标注了图像和文本的原始内容，还标注了可能存在的操纵痕迹，如图像的边界框、文本的修改等，这为研究人员提供了宝贵的数据资源，有助于开发更有效的解决方案来应对多模态虚假新闻检测。

三、HAMMER 模型

HAMMER 是一个分层多模态操作推理变换器，它由两个单模态编码器（图像编码器 E_v 和文本编码器 E_t ）、一个多模态聚合器 F ，以及专用的操纵检测和接地头（二元分类器 C_b 、多标签分类器 C_m 、 B_{Box} 检测器 D_v 和令牌检测器 D_t ）组成。该模型的设计旨在进行分层操作推理，探索从浅层到深层的多模态交互，以及分层操作检测和基础。

在浅层篡改推理阶段，HAMMER 通过操纵感知对比损失 $\mathcal{L}_{\text{MAC}}$ 进行文本嵌入，实现图像和文本之间的语义对齐。同时，在图像操纵接地损失 $\mathcal{L}_{\text{IMG}}$ 下进行操纵 B_{Box} 接地，以增强对图像操纵的理解和定位。在深度篡改推理阶段，基于多模态聚合器 F 生成的更深层交互的多模态信息，HAMMER 利用二元分类损失 $\mathcal{L}_{\text{BIC}}$ 检测二元类，如真 / 假新闻，利用多标签分类损失 $\mathcal{L}_{\text{MLC}}$ 检测细粒度操作类型，如图像的边界框、文本的修改等。此外，通过文本操作接地损耗 $\mathcal{L}_{\text{TMG}}$ 来地面操作文本标记，进一步提高操作检测的准确性。通过综合所有这些损失，HAMMER 实现了分层执行操纵推理的目标，形成如下公式（3-1）：

$$\mathcal{L} = \mathcal{L}_{\text{MAC}} + \mathcal{L}_{\text{IMG}} + \mathcal{L}_{\text{MLC}} + \mathcal{L}_{\text{BIC}} + \mathcal{L}_{\text{TMG}} \tag{3-1}$$

（一）浅层篡改推理

在多模态虚假新闻检测任务中，给定一个图像文本对(I,T)，我们假设这个对来自同一个分布 P 。为了有效地处理这个多模态数据，笔者采用了一个基于 Transformer 的模型框架，该框架包括图像编码器和文本编码器两个模块。

首先，图像编码器中的自注意力层和前馈网络被用来处理图像 I 。通过这些网络层，图像 I 被修补并编码成一个图像嵌入序列 $E_v(I)$。这个序列由两部分组成：一个是$[\text{CLS}]$ Token 的嵌入 v_{cls} ，这个 Token 代表整个图像文本对的联合表示；另一个是 N 个图像块的嵌入序列 $v_{\text{pat}}=\{v_1,\ldots,v_N\}$，这些图像块是从原始图像中提取出来的，用以捕捉图像的局部特征。同时，文本编码器被用来提取文本 T 的嵌入序列 $E_t(T)$。这个序列同样包含两部分：一个是[CLS]标记的嵌入 t_{cls}，这个标记代表整个文本序列的联合表示；另一个是 M 个文本标记的嵌入序列 $t_{\text{tok}}=\{t_1,\ldots,t_M\}$，这些文本标记是从原始文本中提取出来的，用以捕捉文本的局部特征。

为了让这两个单模态编码器更好地捕捉图像和文本之间的语义联系，笔者采用跨模态对比学习的方式，将图像和文本的嵌入进行对齐。然而，在实践中，一些细微的多模态操作可能会引入两种模态之间的语义不一致，很难通过常规的对比学习方法来揭示。

为了强调并处理这种由操作引起的语义不一致，笔者引入了一种名为HAMMER的方法。这种方法的核心是操作感知对比学习，从而可以进一步强调它们产生的语义不一致。遵循 InfoNCE 损失[51]，通过以下公式（3–2）表示图像到文本对比损失：

$$L_{v2t}\left(I,T^{+},T^{-}\right)=-E_{p(I,T)}\left[\log\frac{\exp(\frac{S\left(I,T^{+}\right)}{\tau}}{\sum_{k=1}^{K}\exp\left(\frac{S\left(i,T_k^{-}\right)}{\tau}\right)}\right] \tag{3–2}$$

公式中 τ 是温度超参，负责保持对齐性和一致性之间的平衡，$T^{-}=\{T_1^{-},\ldots,T_K^{-}\}$ 表示一组负文本样本。为了度量图像与文本之间的相似度，设计两个投影头 h_v 和 $\hat{h}_t$，它们分别将图像和文本的[CLS] Token 映射到 256 维的嵌入空间。在这个空间中，计算图像嵌入 v_{cls} 和文本嵌入 $\hat{t}_{\text{cls}}$ 的点积，得到相似度 $S(I,T):S(I,T)=h_v(v_{\text{cls}})^T\hat{h}_t(\hat{t}_{\text{cls}})$，$\hat{h}_t(\hat{t}_{\text{cls}})$ 表示来自文本动量投影头的投影文本嵌入。受 MoCo[52]的启发，笔者引入了动量编码器 $\hat{E}_v$ 和 $\hat{E}_t$，通过指数移动平均的方式稳定地捕捉数据分布。为高效实施对比学习，采用了两个队列来存储最近的 K 个图像—文本对嵌入，用于计算当前样本与过去样本之间的相似度，从而构建对比损失，公示（3–3）如下：

$$L_{t2v}\left(T,I^{+},I^{-}\right)=-E_{p(I,T)}\left[\log\frac{\exp\left(\frac{S\left(T,I^{+}\right)}{\tau}\right)}{\sum_{k=1}^{K}\exp\left(\frac{S\left(T,I_{k}^{-}\right)}{\tau}\right)}\right] \quad (3\text{-}3)$$

文本到图像的对比损失是通过计算文本嵌入与图像队列中嵌入的相似度差异来得到的，旨在使模型学会区分不同模态间的相似与不同，从而优化其跨模态匹配能力。$I^{-}=\left\{I_{1}^{-},\ldots,I_{K}^{-}\right\}$ 包含 K 个最近负样本的队列。根据公式 $S\left(T,I\right)=h_{t}(t_{\mathrm{cls}})^{T}\hat{h}_{v}\left(\hat{v}_{\mathrm{cls}}\right)$ 计算文本 T 与图像 I 的相似度。最终，将所有损失项合并，形成了 ManipulationAware Contrastive Loss，综合考虑了跨模态和模内的相似性与差异性，优化了模型的跨模态匹配能力，如公式（3–4）所示：

$$L_{\mathrm{MAC}}=\frac{1}{4\left[\begin{array}{l}L_{v2t}\left(I,T^{+},T^{-}\right)+L_{t2v}\left(T,I^{+},I^{-}\right)\\+L_{v2v}\left(I,I^{+},I^{-}\right)+L_{t2t}\left(T,T^{+},T^{-}\right)\end{array}\right]} \quad (3\text{-}4)$$

通过对图像与文本之间嵌入的补丁，精准定位那些被篡的图像区域。为实现这一目标，笔者设计了一种交叉关注机制，用注意函数对经过归一化处理的查询（ Q ）、键（ K ）和值（ V ）特征进行运算，公式（3–5）如下：

$$Attention\left(Q,K,V\right)=Softmax\left(\frac{K^{T}Q}{\sqrt{D}}\right)V \quad (3\text{-}5)$$

将图像嵌入与文本嵌入，将 Q 视为图像嵌入，Q 和 V 视为文本嵌入，如公式（3–6）所示：

$$U_{v}\left(I\right)=Attention\left(E_{v}\left(I\right),E_{t}\left(T\right),E_{t}\left(T\right)\right)+E_{v}\left(I\right) \quad (3\text{-}6)$$

接下来采用局部补丁注意力聚合（LPAA），一种利用注意力机制来整合

$\mathcal{U}_{\mathrm{pat}}$ 中空间信息的方法。关键步骤是将一个特殊的聚合令牌（[AGG]）与 $\mathcal{U}_{\mathrm{pat}}$ 进行交叉参与（cross–attend），以实现对空间信息的有效聚合，如公式（3–7）所示：

$$\mathcal{U}_{\mathrm{agg}} = Attention\left([\mathrm{AGG}], \mathcal{U}_{\mathrm{pat}}, \mathcal{U}_{\mathrm{pat}}\right) \tag{3–7}$$

将聚合后的 $\mathcal{U}_{\mathrm{agg}}$ 输入到边界框 B_{Box} 检测器 D_v 中，通过结合标准的 L_1 损失[53]和广义 *IoU* 损失[54]，计算出图像处理过程中的定位损失。该计算方式综合考虑了预测框与真实框之间的绝对距离差异和重叠度，从而实现对被操纵图像区域更精确的定位，如公式（3–8）所示：

$$L_{\mathrm{IMG}} = E_{(I,T)\sim P}\begin{bmatrix} \| Sigmoid\left(D_v\left(u_{\mathrm{agg}}\right)\right) - y_{\mathrm{box}} \| \\ + L_{\mathrm{IoU}}\left(Sigmoid\left(D_v\left(u_{\mathrm{agg}}\right)\right) - y_{\mathrm{box}}\right) \end{bmatrix} \tag{3–8}$$

浅层篡改推理流程如图 3.2 所示。

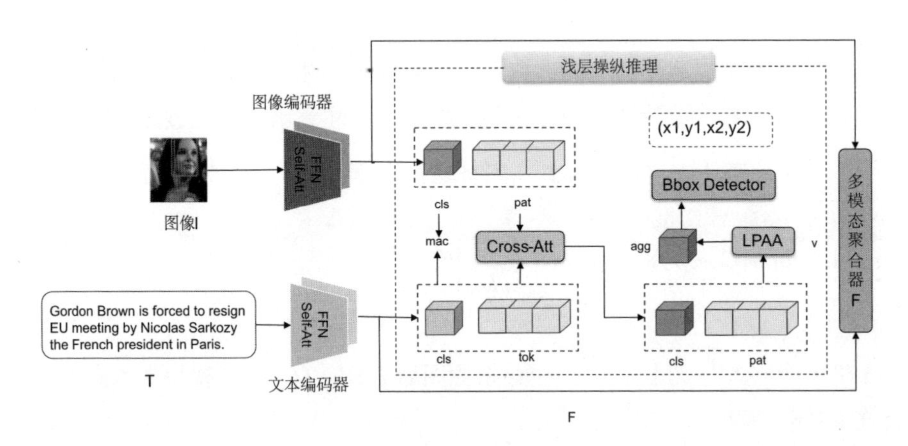

图 3.2　浅层篡改推理流程

（二）深层篡改推理

为了建模更深层次的多模态交互，如图 3.3 所示，本节采用模态感知交叉注意力，进一步引导文本嵌入 $E_t(T)$ 与图像嵌入 $E_v(I)$ 交互，生成多模态交互 $F(E_v(I),E_t(T))=\{m_{\text{cls}},m_{\text{tok}}\}$， $m_{\text{tok}}=\{m_1,\ldots,m_M\}$ 表示 T 中更深的聚合嵌入。

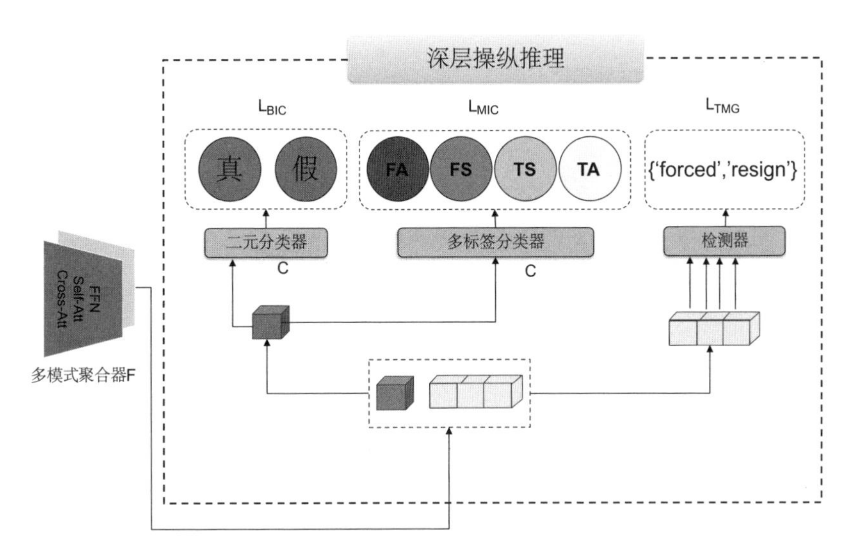

图 3.3　深层篡改推理流程

嵌入在 m_{tok} 中的每个标记不仅深度挖掘了文本内在的上下文信息，而且与图像特征进行了深入的交互，实质上等同于对每一个 Token 进行真实或虚假的标签分类。引入 Token 检测器 D_t 来预测 m_{tok} 中每个 Token 的标签，并据此计算交叉熵损失，如公式（3-9）所示：

$$L_{\text{tok}}=E_{(I,T)\sim P}H\left(D_t\left(m_{\text{tok}}\right),y_{\text{tok}}\right) \tag{3-9}$$

其中 H 为交叉熵函数。为了解决模型对噪声文本产生过度拟合的问题，引入动量学习机制。通过构建动量版本模型 $\hat{F}$ 和 $\hat{D}_t$，生成更为稳健的多模态嵌入表示：$\hat{F}\left(\hat{E}_v(I),\hat{E}_t(T)\right)=\{\hat{m}_{\text{cls}},\hat{m}_{\text{tok}}\}$。在此基础上，利用动量标记检测器通过计算 KL 散度（KL-Divergence）来生成软伪标签，如公式（3-10）所示：

$$L_{\text{tok}}^{\text{mom}} = E_{(I,T)\sim P} KL\left(D_t\left(m_{\text{tok}}\right) \| \hat{D}_t\left(\hat{m}_{\text{tok}}\right)\right) \tag{3-10}$$

文本操作定位损失是如下加权组合，如公式（3–11）所示：

$$L_{\text{TMG}} = \left(1-\alpha\right) L_{\text{tok}} + \alpha L_{\text{tok}}^{\text{mom}} \tag{3-11}$$

[CLS]标记m_{cls}在模态感知交叉注意力机制后能够聚合丰富的多模态信息，作为操作特征的综合体现。为了有效地实现多标签分类[55]，在m_{cls}之上连接了一个多标签分类器C_m，用来计算多标签分类损失。这样有助于更为精准地识别并区分不同的操作类型，从而增强模型在多模态场景下的理解和分析能力，如公式（3–12）所示：

$$L_{\text{MLC}} = E_{(I,T)\sim P}\left(C_m\left(m_{\text{cls}}\right), y_{\text{mul}}\right) \tag{3-12}$$

同时基于m_{cls}进行简单的二元分类，如公式（3–13）所示：

$$L_{\text{BIC}} = E_{(I,T)\sim P} H\left(C_b\left(m_{\text{cls}}\right), y_{\text{bin}}\right) \tag{3-13}$$

四、实验

（一）消融研究

在本研究中，为了深入理解多模态相关性在模型性能中的关键作用，笔者进行了消融实验，以评估在模型中仅保留图像或文本模态的情况。这些实验旨在探究单一模态信息与完整多模态信息对模型性能的影响。

实验结果如表 3.1 和表 3.2 所示，完整模型的性能显著优于其消融变体。特别是在文本模态方面，完整模型的表现尤为突出。这一结果充分表明，跨模态交互的缺失会导致模型性能的显著下降。通过这些实验，笔者得出结论：多模态信息之间的相关性对于提高模型性能至关重要。模型通过有效利用图像和文本模态之间的互补信息，能够挖掘出更多的上下文和语义信息，从而显著提升任务完成的效果。

表 3.1　图像模态的消融研究

类别	二进制类			图像		
方法	AUC	EER	ACC	IoUmean	IoU50	IoU75
仅保留图像	93.96	13.83	86.13	75.58	82.44	75.80
完整	**94.40**	**13.18**	**86.80**	**76.69**	**82.93**	**75.65**

注：加粗字体为每行最优值。

表 3.2　文本模态的消融研究

类别	二进制类			文本		
方法	AUC	EER	ACC	IoUmean	IoU50	IoU75
仅保留文字	75.67	32.46	72.17	43.99	33.68	37.77
完整	**93.44**	**13.83**	**87.39**	**70.90**	**73.30**	**72.08**

注：加粗字体为每行最优值。

（二）对比研究

在图像模态的伪造检测方面，本节对 HAMMER 模型与两种目前业界领先的虚假新闻检测方法进行了对比分析，并将这些对比结果汇总于表 3.3。通过这些对比分析，笔者旨在评估 HAMMER 模型在图像模态检测方面的性能，并将其与业界现有方法进行比较。对于文本模态，本节亦对 NLP 领域中两种广泛应用的序列标记方法与地面操纵标记以及二元分类进行了深入比较，并将这些对比结果呈现在表 3.4 中。通过这些对比分析，笔者旨在评估 HAMMER 模型在文本模态检测方面的性能，并将其与 NLP 领域的现有方法进行比较。

表 3.3 和表 3.4 的数据清晰地表明，在单模态伪造检测任务中，HAMMER 模型的性能显著优于单一模态方法。这一结果进一步凸显了多模态媒体训练方法在虚假信息检测领域的优势和应用潜力。通过结合图像和文本两种模态的信息，HAMMER 模型能够更全面地理解和分析虚假新闻，从而提高检测的准确性和鲁棒性。

表 3.3 DGM4 的深度伪造检测方法比较

类别	二进制类			图像		
方法	AUC	EER	ACC	IoUmean	IoU50	IoU75
TS	91.80	17.11	82.89	72.85	79.12	74.06
MAT	91.31	17.65	82.36	72.88	78.98	74.70
Ours	**94.40**	**13.18**	**86.80**	**75.69**	**82.93**	**75.65**

注：加粗字体为每行最优值。

表 3.4 DGM4 序列标记方法比较

类别	二进制类			图像		
方法	AUC	EER	ACC	精确率 P	召回率 R	F1
BERT	80.82	28.02	68.98	41.39	63.85	50.23
LUKE	81.39	27.88	76.18	50.52	37.93	43.33
Ours	**93.44**	**13.83**	**87.39**	**70.90**	**73.30**	**72.08**

注：加粗字体为每行最优值。

五、结论

针对当前多模态假媒体所面临的问题，本研究创新性地提出了 DGM4 研究问题，旨在实现多模态媒体真实性的检测与被篡改内容的基础处理。为此，笔者根据 DGM4 数据集设计了一种新颖的分层多模态操作推理变换器 HAMMER，该模型能够有效捕捉不同模态间的细粒度交互信息[56]。经过一系列实验验证，HAMMER 模型展现出了优越的性能，并为多模态媒体操纵领域的深入研究提供了重要的基准与观察。

HAMMER 模型的设计考虑了多模态信息在虚假新闻检测中的重要性，并采用了分层操作推理的方法，从浅层到深层探索多模态交互，以及分层操作检测和基础。实验结果表明，HAMMER 模型在多模态媒体操纵检测与基础处理方面具有显著的优越性。

然而，HAMMER 模型在多模态媒体操纵检测与基础处理方面仍有改进空间。未来，可以通过增强泛化能力、引入更多上下文信息、结合先进大模型技术以及提高可解释性等方式来进一步提升其性能。例如，通过扩大数据集的规模和多样性，可以提高模型的泛化能力；引入更多的上下文信息，如时间、地点等，可以增强模型的理解和推理能力；结合先进的大模型技术，如 Transformer、GPT 等，可以进一步提高模型的性能；提高模型的可解释性，可以增强模型的透明度和可信度。

/ 本章小结 /

本章详细探讨了多模态学习在检测和定位图像篡改中的应用，特别是如何通过结合图像和文本信息来增强对伪造内容的识别能力。本章首先介绍了浅层篡改推理的方法，该方法利用交叉注意力机制来精准定位被篡改的图像区域。具体而言，通过将图像嵌入与文本嵌入相结合，并使用局部补丁注意力聚合（LPAA）技术整合空间信息，模型能够有效地识别出图像中被操纵的部分。这种策略不仅考虑了预测框与真实框之间的绝对距离差异，还综合考量了两者间的重叠度，从而实现对被篡改区域更精确的定位。

进一步的，本章深入讨论了深层篡改推理的过程，旨在建模更加复杂的多模态交互。这里采用了一种模态感知交叉注意力机制，以引导文本嵌入与图像嵌入之间进行深度交互，生成包含更多上下文信息的多模态交互表示。为解决模型可能对噪声文本产生过度拟合的问题，文中引入了动量学习机制，通过计算散度（KL-Divergence）生成软伪标签，以此增强模型的鲁棒性。此外，基于操作特征的综合体现，本章提出了一种多标签分类器，用于计算多标签分类损失，有助于更准确地区分不同的操作类型，提升模型在多模态场景下的理解和分析能力。为了验证所提方法的有效性，本章进行了消融研究和对比研究。消融实验显示，完整模型在处理图像和文本模态时的表现显著优于仅保留单一模态的变体，尤其是在文本模态方面，充分表明跨模态交互对于提高模型性能至关重要。对比实验则将 HAMMER 模型与现有领先的虚假新闻检测方法进行了比较，结果表明，在单模态和多模态伪造检测任务中，HAMMER模型均表现出更高的准确性、召回率等关键指标，凸显了其在虚假信息检测领域的优势和应用潜力。

第四章　视频文本跨模态检索

在当今信息爆炸的时代，数据的多样性日益凸显，其中模态作为数据存在的一种特定形式，其重要性不言而喻。随着不同模态数据的迅速增长，多模态学习领域受到了广泛关注。在此背景下，跨模态检索作为多模态学习的一个重要研究方向，特别是在图文领域的应用，已经取得了显著的进展[57]。然而，相较于图像，视频作为一种更为复杂的数据类型，承载了更为丰富的模态数据和信息。视频的这种特性使其在满足用户对信息检索全面性和灵活性需求方面具有独特优势，因而在近年来逐渐成为跨模态检索研究的热点。

为了深入理解和全面把握视频文本跨模态检索及其前沿动态，本研究对现有的代表性方法进行了系统的梳理和综述。首先，本章归纳并分析了基于深度学习的单向和双向视频文本跨模态检索方法，详细剖析了各类方法中的经典工作，并对其优缺点进行了阐述。在此基础上，本章从实验的角度出发，介绍了视频文本跨模态检索的基准数据集和评价指标；通过对多个常用基准数据集上的典型方法进行性能比较，为研究者们提供了有益的参考。最后，本章探讨了视频文本跨模态检索的应用前景，指出了当前领域面临的待解决问题，并对未来的研究挑战进行了展望。这不仅有助于推动视频文本跨模态检索技术的发展，也为相关领域的研究提供了理论支持和实践指导。

一、跨模态检索介绍

在数字化时代，随着 YouTube、抖音、快手等视频分享平台的兴起和普及，用户通过视频记录和分享日常生活已成为一种新常态。这一趋势导致了网络上每天产生和传播着海量的视频和文本数据。视频文本跨模态检索（video-text cross-modal retrieval, VTR）作为一种新兴的研究领域，因其能够在海量无标注的视频和文本数据中利用多模态数据的统一表达，分析不同模态数据间的相关性，去除模态间的冗余信息，实现视频与文本的相互检索，而受到了研究者的广泛关注[58]。这不仅有助于降低企业数据管理的成本，也能够突破单模态检索的限制，提升信息检索的效率和用户体验。

基于深度学习的视频文本跨模态检索技术主要分为单向跨模态检索和双向跨模态检索两大类。单向跨模态检索，以长视频内容检索（video-moment retrieval, VMR）任务为代表，其目标是从长视频中检索出与文本查询在语义上相似的视频片段。VMR 任务通常采用候选片段排序或直接定位的方法来找到查询的视频片段。由于实施简便且易于解释和理解，这种解决方案已成为 VMR 任务的主流之一。另一方面，双向跨模态检索在深度图文跨模态检索的成功应用的推动下迅速发展，并在短视频与广告检索任务中取得了显著成效。基于概念的方法虽然在一定程度上增强了模型的可解释性，但其对视频结构分析、视频注释等技术的依赖，以及在表达丰富视频信息方面的局限性，限制了其泛化能力。为了克服这些局限，研究者们设计了多种编码器结构，专注于学习视频中的多模态信息，并设计了更有效的多模态数据融合策略。

视频文本跨模态检索技术立足于跨媒体关联分析等前沿技术，旨在弥合视觉与语言之间的语义鸿沟，建立不同模态间的语义关联。该领域结合了计算机视觉和自然语言处理两大研究领域的知识，不仅要求对视频内容有深入的理解，还需要处理符合实际的语言描述文本，并理解两者在高维语义空间中的相关性。因此，视频文本跨模态检索具有重要的理论价值和应用前景。理论上，高效的算法设计能够有效解决海量视频数据的处理和分析问题。此外，文书分析作为跨模态检索的关键组成部分，通过开发新的模型和方法，将促进自然语言处理领域的发展。综上所述，视频文本跨模态检索技术在信息检索、数据管理、多媒体处理等多个领域具有广泛的应用前景，并为相关领域的研究提供了新的视角和方法。

二、问题定义与相关背景

本节将着重探讨视频文本跨模态检索领域的相关背景，集中在其基本定义、所面临的问题与挑战。视频文本跨模态检索是一种跨领域研究，旨在利用深度学习技术处理视频和文本之间的跨模态关联。其核心目标是实现视频与文本数据之间的双向检索能力，以提升信息检索的效率和准确性。在此过程中，面临诸如多模态数据特征提取、语义理解与表示、模型解释性等多重挑战。本章将深入探讨这些挑战，并介绍当前在视频文本跨模态检索领域的主流方法和研究进展。

（一）视频文本跨模态检索问题定义

在信息检索领域，视频文本跨模态检索与传统的基于视频标注（如 hashtag）的文本视频检索方法存在显著差异。视频文本跨模态检索的目标是针对海量的无标注视频和文本数据，实现视频与文本之间的相互检索，即通过视频检索相关的文本信息，或通过文本检索相关的视频内容。这种检索可以基于视频的整体内容，也可以针对视频中的特定片段。根据检索对象的不同，视频文本跨模态检索可以定义为不同的问题，每个问题适用于特定的应用场景。本节将从视频检索的视角出发，对现有的视频文本跨模态检索研究中的问题定义进行梳理和总结。

1. 单向跨模态检索

单向跨模态检索（unidirectional cross-modal retrieval），通常涉及从一种模态到另一种模态的信息检索过程。在视频文本跨模态检索的语境中，单向跨模态检索特指使用文本查询来检索视频中的相关片段，即利用查询文本在给定视频中定位特定的时序区间[59]。在这个过程中，查询文本与视频中的某一特定片段相对应，而与视频的其他部分无关。具体而言，单向跨模态检索的任务可以定义为：给定一个自然语言描述的查询语句，系统需要在未经过剪辑的完整视频中识别出与该描述相对应的时间片段，包括该片段的起始时间和终止时间。这种任务的核心在于将文本信息与视频内容中的特定时间段进行匹配，从而实现精确的视频片段定位。

单向跨模态检索任务在处理较长视频内容时尤为有用，它能够在大量的视频数据中快速定位到与查询文本相匹配的片段。这一技术在多种应用场景中具有广泛的应用价值，例如：

（1）视频内容审核。通过查询文本快速找到视频中可能包含敏感或不适当内容的片段，以便进行进一步的审核和处理。

（2）事件检索。在新闻报道或监控视频中，根据文本描述检索特定事件发生的时间点。

（3）教育视频。帮助学生或研究者通过关键词查询，快速找到教学视频中讲解特定概念或技术的部分。

（4）娱乐与媒体。用户可以通过文本查询在电影、电视剧或体育赛事视频中找到特定的场景或高光时刻。

2. 双向跨模态检索

双向跨模态检索（bidirectional cross-modal retrieval）是一种信息检索范式，它旨在实现视频与文本之间的相互检索。具体而言，该任务涉及使用自然语言描述的文本或视频数据作为查询条件，在大量未经标注的视频或文本数据库中寻找与之相关的数据[60]。这一任务的关键在于建立视频与文本之间的双向关联，使得查询文本能够概括视频内容，反之亦然。在现有研究中，大多数双向跨模态检索方法基于共享子空间技术来实现，该技术在短视频平台等领域展现出广阔的应用前景。本节针对双向跨模态检索的方法进行了总结，并依据模型所采用的编码器结构，将其进一步分类和阐述。

（1）使用双编码器结构的方法

在双编码器结构的框架下，视频和文本数据被分别编码为独立的特征表示，并通过轻量级操作（如点积或余弦相似性）实现视频和文本特征之间的交互，如图 4.1 所示。这种设计有助于实现快速的视频文本跨模态检索，并通过利用视频的多模态信息、强化掩码编码模型以及视频文本对比学习方法来提升视频表征的能力。尽管基于双编码器结构的跨模态检索方法在一定程度上提高了模态对齐的能力，但由于缺乏在线交互，其在多模态匹配方面的效果可能不尽如人意。

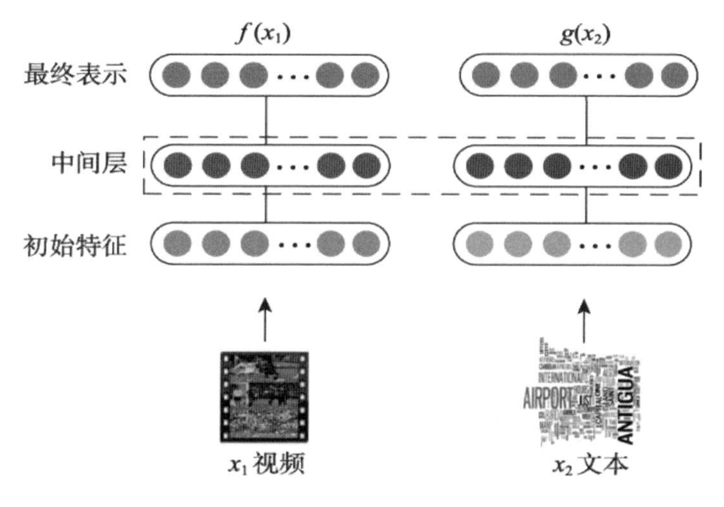

图 4.1 双编码器结构一般框架

（2）使用融合编码器结构的方法

与双编码器结构相比，融合编码器在视频编码器和文本编码器的基础上，附加了额外的 Transformer 层，以捕获视频和文本特征之间的细粒度交互。例如，VideoBERT、Everything 和 ClipBERT 等现有工作均采用了融合编码器，并在视频问答、跨模态检索和字幕生成等任务上展现了出色的性能。尽管融合编码器在视频文本跨模态检索任务上的性能具有竞争力，但其计算开销相较于双编码器更大。融合编码器结构的具体实现如图 4.2 所示。

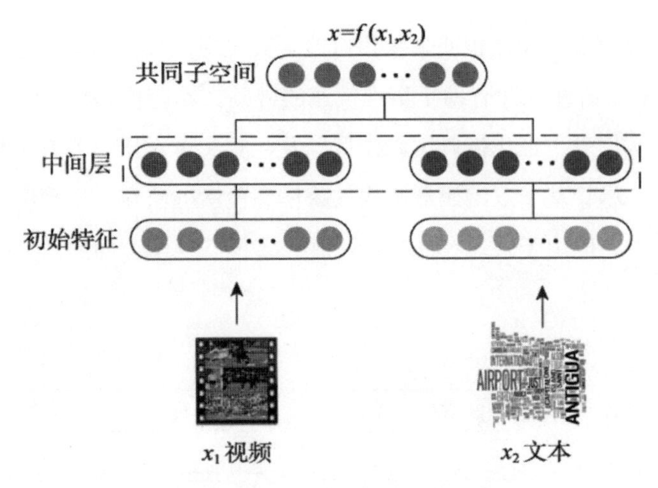

图 4.2　融合编码器结构一般框架

（二）问题与挑战

在处理海量数据时，针对无标注的视频文本进行跨模态检索是一项极具挑战性的任务。这一挑战主要源于以下几个方面的难点：

1. 视频特征信息的提取

视频与静态图像的本质区别在于，视频是由一系列随时间演变的图像帧组成的。因此，视频编码器不仅要能够提取每一帧的空间信息，还需要捕捉帧与帧之间的时间动态。由于不同场景和条件下帧的组合方式各异，模型需要学习如何从这些组合中提取出有意义的视频信息。

2. 异构数据的对齐

视频和文本分属不同的数据模态，它们在底层特征上表现出异构性（不同的特征分布），但在高层语义空间中又存在相似性。这种特性使得我们可以对相关的视频和文本进行相似性度量和对齐。现有的对齐方法包括视频片段与文本句子对齐、单个帧与单词对齐、局部区域与实体标签对齐等。然而，探索更丰富的对齐方式将有助于模型学习到更多、更细致的信息。

3. 检索效率的提升

当前的视频文本跨模态检索方法往往侧重于提高模型的检索准确度，而忽略了检索效率的问题。这在实际应用中限制了这些方法的有效性，因为与图像数据相比，视频数据更为庞大和复杂。因此，如何在保持检索准确度的同时提高检索效率，成为视频文本跨模态检索研究中的一个关键问题。

三、单向跨模态检索

单向跨模态检索主要聚焦于视频内容检索（video moment retrieval, VMR）任务，其目标是从长视频中检索出与给定文本查询相对应的视频片段。根据实现方式的不同，VMR 任务的解决方法可以划分为两个主要类别：基于候选片段的方法和直接定位的方法。

（一）基于候选片段的 VMR 方法

在视频内容检索（VMR）任务中，候选片段的生成可以在模型的不同阶段进行，这取决于是否涉及视觉特征与文本特征的交互。以下是两种主要的候选片段生成策略：无文本信息交互的预划分方法和视觉特征与文本特征交互后的生成方法。无文本信息交互的预划分方法通常采用预定义的多尺度滑动窗口策略，通过密集采样的方式从输入视频中截取固定长度的视频片段作为候选片段。这种策略不依赖文本信息，而是在无文本信息交互的情况下预先进行视频划分。视觉特征与文本特征交互后的生成方法是基于编码的视觉和文本特征，通过学习视频片段与文本之间的相关性来确定候选框，从而生成候选片段。这类方法主要包括生成策略和基于锚点的方法。

以下是对这些方法的详细分类和描述：

1. 基于滑动窗口的方法

跨模态时间回归定位算法（cross-modal temporal regression localizer, CTRL）[61]和时间上下文网络（moment context network, MCN）[62]是 VMR 开创性工作中的两种典型方法。它们的区别在于视频划分和特征学习的处理方式。CTRL 在重叠 80% 的视频帧上使用不同尺度的滑动窗口进行划分，从而将视频分段。相比之下，MCN 使用相同尺度的窗口来分割视频，并将整个文本查询编码为一个特征向量，然后通过简单的跨模态推理来学习特征。然而，MCN 也存在一些问题。简单的融合策略也可能导致跨模态理解效果不佳。

为了解决 MCN 这些问题，一些新的方法被提出。其中，ROLE 和基于注意力机制的检索网络（attentive cross-modal retrieval network, ACRN）[63] 主要致力于通过更复杂的结构或视频 / 查询的语义分解，来细化视觉和文本特征之间的多模态交互和融合。除此之外，建立在 CTRL 之上的动作定位算法（activity concepts based localizer, ACL）[64]，能够明确地从视频和文本的先验知识中挖掘概念信息，以提升候选片段的可信度，使其成为目标时刻。

2. 基于生成策略的方法

基于生成策略的方法避免了多尺度密集采样过程，减轻了基于滑动窗口方法的计算负担。例如，采用预先训练的分段生成网络（segment proposal network, SPN）来生成候选片段[65]。为了提升模态之间的交互，查询引导的分段生成网络（query-guided segment proposal network, QSPN）[66] 进一步改进了 SPN，以产生与查询相关的特定候选片段。QSPN 将查询嵌入视觉特征进行交互，设计了时间注意力权重并重新加权视觉特征，以改善候选片段的生成。类似的，动作语义生成算法（semantic proposal for activity, SAP）[67] 通过计算查询和视频帧之间的视觉语义相关性，直接训练视觉概念检测器来生成候选片段。

3. 基于锚点的方法

基于锚点的方法提供了一种有效的候选片段生成策略。其中，时间地面网络（temporal ground net ，TGN）方法[68] 的核心在于通过时间上的逐帧交互来捕获视频与查询之间动态变化的细粒度关系。该方法利用预设的锚点来生成多尺度的候选片段。具体来说，TGN 通过分析视频帧与查询文本之间的相互作用，能够在时间维度上精确地定位到与查询相关的视频片段，从而提高候选片段的生成质量。与 TGN 不同，时刻对齐网络（moment alignment network, MAN）方法[69] 采用时间卷积网络（TCN）来生成多层级的候选片段。MAN 通过堆叠不同级别的时间卷积模块，能够生成具有不同尺度的候选片段。这种方法的优势在于，它能够从不同时间分辨率上捕捉视频内容，从而更全面地理解视频与文本查询之间的关系。语义条件动态调节算法（semantic conditioned dynamic modulation, SCDM）方法[70]同样采用时间卷积网络，但它更侧重于根据视频内容的语义信息来动态调节候选片段的生成。SCDM 通过分析视频帧的语义内容与查询文本之间的相关性，能够在不同的时间尺度上生成候选片段，从而提高检索的准确性。

（二）基于直接定位的 VMR 方法

在视频内容检索（VMR）任务中，除了基于候选框的方法外，还存在一种直接定位的方法。与基于候选框的方法相比，直接定位方法不依赖预先生成候选片段的过程，而是直接在整个视频范围内预测目标时刻的位置。这种方法的优势在于能够显著降低计算成本，因为它避免了生成和评估大量候选片段的需要。受自然语言处理（NLP）中阅读理解任务的启发，基于定位的算法（L-Net）和提取片段定位算法（ExCL）首先将 VMR 任务表述为预测任务，直接预测视频片段的目标时刻。ExCL 同样将 VMR 表述为预测任务，除了基于回归的预测因子外，ExCL 还设计了相应的跨度预测头，用于更精确地定位目标时刻。考虑到视频内容的连续性和事件之间的因果关系，以及查询文本中单词的离散性和语法结构，视频跨域定位网络（video span localizing network, VSLNet）[71]被提出用于 VMR 任务。VSLNet 设计了上下文查询注意力机制，以执行细粒度的多模态交互，这有助于更好地理解视频内容与查询文本之间的关系。最后，利用条件化的跨度预测器计算目标片段的起始和结束概率，从而实现精确的定位。此外，VSLNet 还引入了一个查询引导的突出显示模块，该模块有效地将搜索空间缩小到视频中的突出显示区域，进一步提高了检索的效率和准确性。

四、双向跨模态检索

VMR 任务是在长视频中精确定位特定的视频片段，这一技术在处理视频内容的精细分析方面具有显著的优势。然而，在海量视频中精确检索与查询文本相关的视频片段仍然是一个挑战，尤其是在短视频内容爆炸式增长的背景下，这种检索需求变得更加迫切。

与 VMR 任务不同，双向跨模态检索的目标更为广泛，它旨在使用查询文本检索到相关的视频内容，而不限于特定视频片段。这种方法能够更灵活地响应用户的需求，提供更广泛的信息检索能力。在当前手机应用中，短视频已成为不可或缺的一部分，双向跨模态检索技术能够满足用户对信息便捷检索的需求，特别是在面对短视频内容的快速增加时，它提供了一种更为高效和全面的检索解决方案。

（一）基于概念的双向跨模态检索

美国国家标准与技术研究院一直致力于推动视频检索评估（TREC video retrieval evaluation, TRECVid）的发展，旨在通过实证研究更好地理解并满足用户在视频搜索引擎（如 Google Video 和 YouTube）上的检索需求。TRECVid 活动对基于概念的视频检索方法（concept-based video retrieval，CBVR）的发展产生了显著影响，并推动了这一领域的迅猛发展。

基于概念的视频检索方法是一种有效的视频内容分析技术，其核心在于从视频中提取概念，并利用这些概念与文本单词进行对齐，从而实现视频与文本之间的有效检索。基于概念的视频检索方法通常包括以下步骤：（1）从视频中提取概念；（2）将这些概念与文本单词对齐；（3）通过计算查询与视频特征之间的相似度来确定检索结果。具体实现过程可以参考图 4.3。

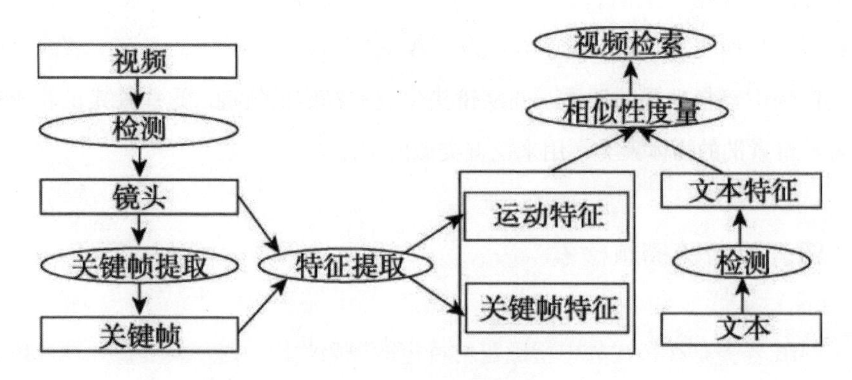

图 4.3　基于概念方法的实现

在视频内容检索领域，概念指的是视频中可被检测的实体信息，这些实体信息反映了视频内容的语义内容。概念提取通常需要经过一系列的步骤，包括视频结构分析、特征提取、视频数据挖掘和视频注释等，最终将视频镜头或片段的特征分配给不同的预定义语义概念。

1. 视频结构分析

一般而言，视频可以根据其剪辑、场景、镜头和帧的层次结构来构建。视频结构分析是视频内容分析的第一步，它涉及将视频分割成具有语义内容的结构元素。这包括拍摄边界检测、关键帧提取和场景分割。关键帧的提取是这一过程中的关键，因为同一镜头的帧之间存在很大的冗余。选择最能反映视频片段内容的帧作为关键帧，有助于简化视频表示，并更好地代表视频片段。

2. 特征提取

根据视频结构分析结果提取特征是视频检索的基础。这些特征主要包括关键帧、物体和运动的特征。视频的关键帧在一定程度上反映了视频全局的语义信息。利用多个预训练的卷积神经网络模型来检测视频中的主要对象，并设计相对复杂的语言规则（逐步提取）用于文本相关概念的提取。

3. 视频数据挖掘

视频数据挖掘依赖视频结构分析和提取的视频特征。其主要任务是利用提取的特征，找到视频内容的结构模式、移动物体的行为模式、场景的内容特征、事件特征及其关联，以及其他视频语义知识用于视频检索。为了更好地挖掘视频数据，使用空间邻域技术对帧的空间域的特征进行聚类。这些聚类被用来挖掘关键帧中经常出现的物体，并从镜头中提取稳定的轨迹。这些稳定的轨迹被组合成有意义的物体聚类，用来挖掘类似的物体。

4. 视频注释

视频注释是将视频镜头或视频片段分配给不同的预定义语义概念的过程，如人、车、天空等。视频注释与视频分类相似，首先提取低级别的特征，然后训练并使用分类器将这些特征映射到相应的概念标签上，从而实现对视频内容的语义理解和描述。

在 TRECVid 挑战赛中，研究者们正在积极探索将两种模态数据映射到同一子空间的方法，以实现更高效的视频内容检索。这种方法的核心在于通过某种映射机制，使得视频和文本数据能够在高维空间中进行有效的交互和匹配。例如，W2VV 模型是一个代表性的工作，该模型将句子通过均方损失量化到视觉特征空间中，从而实现了视频和文本数据的统一表示。在视频特征空间中，W2VV 使用余弦函数度量相似性，以减少两种数据在映射过程中可能导致的信息丢失问题。

在此基础上，研究者提出了 W2VV++ 模型，对 W2VV 的句子编码策略和三元组排名损失进行了优化。在视频编码过程中，W2VV++ 均匀采样视频帧，并使用 ResNeXt-101+ResNet-152 提取特征。对于文本编码，W2VV++ 使用 GRU（门控循环单元）来提高文本表示的鲁棒性和可扩展性。这些改进使得 W2VV++ 能够更好地捕捉视频和文本之间的远距离关系，从而提高了检索的准确性和效率。W2VV++ 改进的三元组排名损失公式（4-1）如下：

$$loss(s;\theta)=\max_{\bar{v}}\left(0,\alpha+f\left(s,\bar{v};\theta\right)-f\left(s,v^{+};\theta\right)\right) \tag{4-1}$$

其中，α 是控制边距的非负超参数，s、v 分别代表句子和视频特征。与原有三元组损失函数的最大区别在于，改进后的三元组中负样本的选择不再是随机的，而是挑选的硬负样本。这些硬负样本是指在度量空间中最靠近正样本的负样本，它们在特征空间中与正样本的相似度最高。通过选择硬负样本，W2VV++ 模型能够更好地识别和区分正样本和负样本，从而提升网络的判别能力。W2VV++ 模型的处理过程如图 4.4 所示：

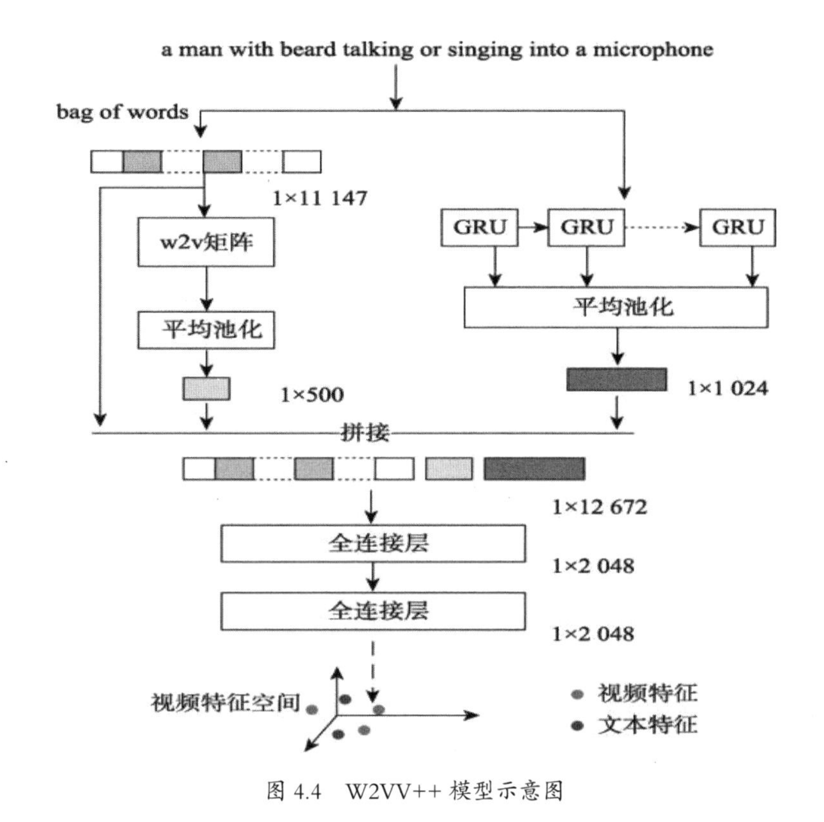

图 4.4　W2VV++ 模型示意图

（二）基于共享子空间的双向跨模态检索

在视频内容检索领域，基于概念的视频检索方法（CBVR）因其能够从视频中提取关键概念并与文本查询进行匹配而受到重视。然而，这种方法在展现视频内容的丰富性方面存在局限，因为它通常依赖人工标注和领域特定知识，难以完全捕捉视频中的所有细节和复杂性。为了克服这一局限，研究者们受到图文跨模态检索方法的启发，提出了一种将不同模态数据的高维语义特征映射到同一空间的方法，即共享子空间方法。这种方法在视频文本跨模态检索任务中逐渐成为主流。共享子空间方法通常基于深度学习技术，通过构建一个公共空间，将视频和文本数据显式地投影到该空间中，以进行相似性度量。

在共享子空间中，不同模态的数据可以进行有效的交互和匹配，捕捉它们之间的相关信息。这种方法能够消除不同模态数据之间的异构问题，即不同模态的特征分布差异，从而优化对齐过程。共享子空间示意图如图 4.5 所示：

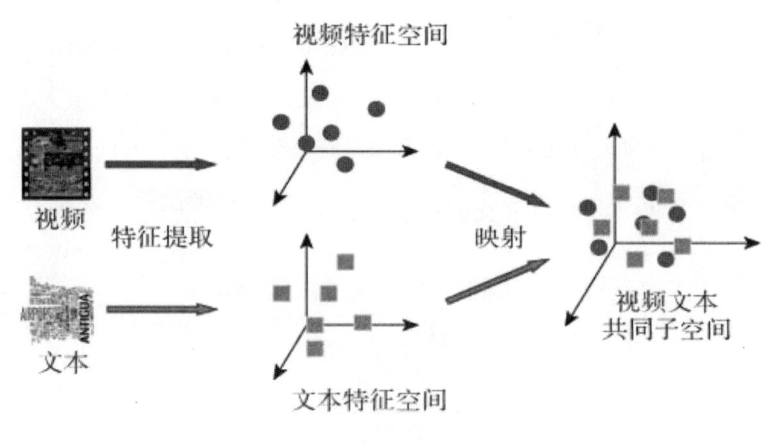

图 4.5　共享子空间示意图

根据不同方法使用的编码器结构，进一步将共享子空间的方法分为使用双编码器结构的算法和使用融合编码器结构的算法。

1. 使用双编码器结构的算法

在跨模态检索领域，基于双编码器的跨模态检索方法因其能够显著提升模态间的对齐能力，并在一定程度上实现异构数据之间的在线交互，因此被广泛采用。这类方法通过利用两个编码器分别处理视频和文本数据，然后通过特定的交互机制将它们映射到一个共享的语义空间中，从而实现跨模态的相似性度量。可进一步将使用双编码器结构的算法分为两类：基于视频多模态信息的方法和基于掩码语言模型的方法。

（1）基于视频多模态信息的方法

视频本身是一种多模态数据，包含音频、图像、文本等多种信息。因此，相较于单一模态的数据，如何充分提取视频中不同模态的信息，以构建更全面、准确的表征，成为视频数据处理的关键。这种方法通常会结合视频中的不同模态信息，例如通过多模态融合技术将音频、图像和文本的特征融合在一起，以提升视频表征的质量和检索性能。

（2）基于掩码语言模型的方法

掩码语言模型（masked language model, MLM）是一种在自然语言处理任务中广泛应用的模型，通过屏蔽输入文本的部分内容，让模型预测并还原这些内容，从而增强模型对文本特征的提取能力。在跨模态检索任务中，基于掩码语言模型的方法可能会应用于文本编码器，通过屏蔽文本中的部分内容，让模型预测这些内容，以提升文本特征的质量和跨模态检索的性能。

2. 使用融合编码器结构的算法

尽管双编码器结构在跨模态检索任务中能够实现数据之间的交互，但其在处理速度和效率方面存在一定的不足。因此，融合编码器结构应运而生，尽管这种结构可能会牺牲一定的计算速度，但大量实验结果表明，融合编码器结构能够有效地实现不同模态数据信息之间的交互，从而提升跨模态检索的性能。

ClipBERT 模型[72]采用了稀疏采样帧策略和融合编码器结构进行跨模态检索。对于视频数据，ClipBERT 使用 2D CNN 编码对每个视频剪辑的稀疏采样帧进行时间平均池化。对于文本数据，模型首先通过单词嵌入层进行编码，然后与视频特征一起输入到多层 Transformer 网络进行多模态融合。这种多层 Transformer 网络能够实现帧与句子之间的信息交互，从而提取更有效的语义特征。类似于 ClipBERT，UniVL 模型[73]也采用了融合编码模块和类似的训练策略。而与 ClipBERT 不同，VideoBERT 模型[74]将视频信息注入 BERT 模型，并使用 MLM 策略让模型可以从前到后或从后往前编码句子和视频序列，从而使学习到每个文本和视频具有上下文的嵌入。大量实验证明，这些模型在视频问答、跨模态检索等任务中都取得了良好的效果。

此外，ActBERT 模型[75]考虑到了视频中的运动、语音和其他背景声音等细粒度信息，并在输入层同时加入全局动作和局部区域特征。该模型还引入了全新的纠缠编码模块（transformer–in–transformer, TNT）。TNT 模块的输入包括全局动作信息、局部区域信息和语言描述信息，如图 4.6 所示。通过 TNT 模块，全局动作信息能够指导语言模型注入视觉信息，并将语言信息整合到视觉模型中，从而更好地获得视频特征。总体来说，TNT 利用动作信息促进局部区域与文本之间的相互关联，进而获得更好的视频特征。

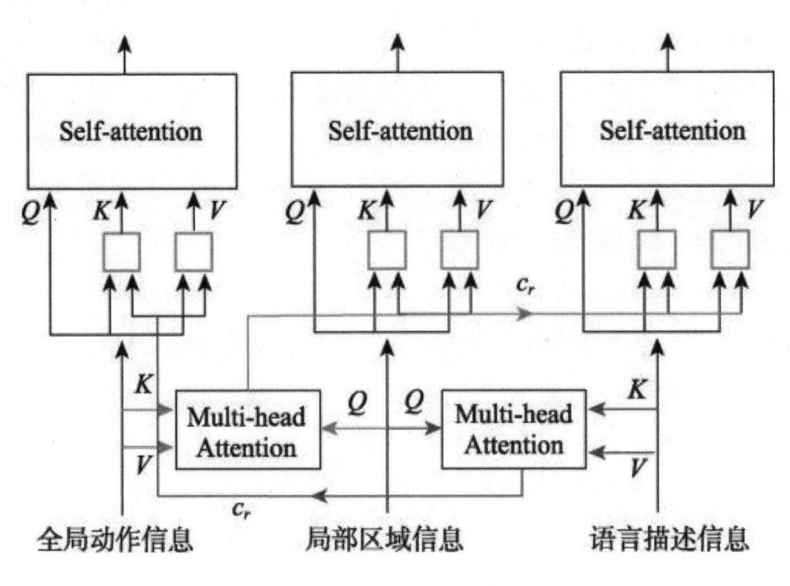

图 4.6 TNT 模块示意图

假设图 4. 6 中全局动作信息为 h_w^l ，局部区域信息为 h_a^l ，语言描信息为 W'_k h_r^l ，自监督层可学习权重为 W ，则 c_w 、c_r 的公式（4–2）、（4–3）如下为：

$$c_w = Multihead\left(W_q^1 h_a^l, W_k^w h_w^l, W_v^w h_w^l\right) \tag{4–2}$$

$$c_r = Multhead\left(W_q^2 h_a^l, W_k^{'} h_r^l, W_v^r h_r^l\right) \tag{4–3}$$

在跨模态检索任务中，为了更有效地利用单词级信息，研究者们提出了 BridgeFormer 模型[76]。该模型首先从文本中提取出动词和名词，这些词汇通常代表了文本中的关键概念和信息。随后，BridgeFormer 使用多头自注意力模块将这些单词级别的特征与视频信息进行融合，并以问答形式进行训练。这种融合过程有助于捕捉文本和视频之间的语义关联，从而在视频问答和跨模态检索任务中取得较好的性能表现。然而，视频文本跨模态检索领域面临着数据集的标注问题，尤其是在低资源语言的研究中。由于缺乏人工标注的数据集，研究者们通常采用机器翻译来构建低资源语言的伪文本对。然而，在翻译过程中，由于翻译误差或翻译系统的不完善，可能会引入噪音，破坏文本嵌入的语义信息，进而影响检索性能。

为了解决这一问题，研究者们提出了 NRCCR（noise-robust cross-lingual cross-modal retrieval）模型[77]。该模型通过引入一种多视图的自我蒸馏方法来学习噪声稳健的目标语言表征。这种方法旨在最小化原句和译句之间的语义差异，从而提高文本编码器的噪声稳健性。通过这种方式，NRCCR 模型能够在低资源语言环境中更准确地理解和检索视频内容，为跨模态检索技术的发展提供了新的研究视角和技术支持。

五、代表性方法对比分析

在深度学习的视频文本跨模态检索方法中，性能评估是一个至关重要的环节，它需要一个合理且全面的评价体系来衡量算法的优劣。本节将从评价指标的角度出发，对现有的基于深度学习的视频文本跨模态检索方法进行对比评述。

在本节中，我们对跨模态检索方法性能分析中常用的评估指标进行了总结，包括精确度、召回率和平均精度等。

1. 精确度和召回率

精确度（precision, Prec）是衡量检索系统正确检索到相关样本的能力。其定义为 TP 与 TP+FP 的比值，其中 TP 是被正确检索的样本数，FP 是正样本被预测为负样本的数量。Prec 可用于衡量信息检索系统的成功概率。

召回率（recall, Rec）则是衡量检索系统检索到所有相关样本的能力。其定义为 TP 与 TP+FN 的比率，其中 FN 是负样本预测为正样本的数量，与精确度不同的是，TP+FN 为数据集所有匹配数据总数而不是已被检索样本总数。

精确度和召回率的公式（4–4）、（4–5）可分别表示为：

$$Prec = \frac{TP}{TP + FP} \tag{4-4}$$

$$Rec = \frac{TP}{TP + FN} \tag{4-5}$$

2. $Recall@k(R@k)$

在召回率中对于视频文本跨模态检索常用的评价标准是 $R@k$，即 $Recall@k$。$R@k$ 计算在前 k 个检索结果中至少找到一个正确结果的百分比。对于视频文本跨模态检索，常用的查询的比例为“$R@1$”“$R@5$”“$R@10$”，分别表示前 1、5、10 个结果的召回率。一般而言，召回率高则精确率低。

3. $R@n$，$IoU = m$

如公式（4–6）所示：

$$\{R@n, IoU = m\} = \frac{1}{N_q}\sum_{i=1}^{N_q} r(n, m, q_i) \tag{4-6}$$

其中，N_q 是查询文本的总数量，$r(n,m,q_i)$ 表示在查询 q_i 的 n 个返回结果中，得分最高且 IoU（intersection over union）等于或大于 m 的视频剪辑中进行对齐的结果，结果为 1 表示正确对齐，0 表示错误对齐。在统一 n 的前提下，m 取值越大时，$\{R@n, IoU{=}m\}$ 的值越高代表模型效果越好。

4. 平均精度

平均精度（mean average precision，mAP）是跨模态检索算法性能评估最流行的指标，其衡量检索到的结果是否与查询数据相关或不相关，是对所有查询计算的平均精度的平均值。给定一个查询（视频或文本）和一组对应的检索结果，平均精度（average precision, AP）定义公式（4–7）如下：

$$AP = \frac{1}{R}\sum_{v=1}^{v} P(x)\varphi(x) \tag{4-7}$$

其中，R 是检索到的结果中相关结果的数量，v 是检索样本中第 v 个样本，

$P(v)$ 表示第 v 个结果的精度。如果检索结果与 v 相关，则 $\phi(v)=1$ ，反之为 0。由 AP 可推得 mAP 表达式（4–8）如下：

$$mAP=\frac{1}{Q}\sum_{q=1}^{Q}AP \tag{4–8}$$

其中，Q 为所有查询样本。相对于其他评价指标，mAP 能够更好地反映全局性能。

除以上常用指标外，文本跨模态检索评价指标还有召回率总和（sum of all recall, SumR），即所有 $R@k$ 相加，反映了召回率的整体水平；中位秩（median ranks, Medr），在视频文本跨模态检索中含义为，测试集中含有 N 个样本，与查询数据相匹配的样本排在第 n 位，取所有查询数据结果 $\{n_1,n_2,\ldots,n_N\}$ 的中位数并加 1，Medr 的值越小代表算法检索效果越好。

/ 本章小结 /

视频文本跨模态检索技术在满足人们一次性获取丰富信息的需求方面具有显著优势，它能够整合视频和文本两种模态的数据，提供更全面、准确的信息检索体验。这一技术在多个领域展现出广阔的应用前景，包括但不限于内容审核、教育、娱乐和媒体等领域[78]。

本章对视频文本跨模态检索技术进行了系统的分类和分析，将其划分为两大类，并针对每一类别中的代表性算法进行了深入的阐述和对比。通过对不同方法的优劣进行分析，本章旨在为研究者提供一个全面的视角，以便更好地理解并推动视频文本跨模态检索技术的发展。

此外，本章还概述了视频文本跨模态检索常用的网络架构和典型数据集，并介绍了跨模态检索中常用的相关评价指标。在此基础上，本章列举了部分代表性方法的结果，并对不同方法的结果进行了对比分析，以展示当前研究的发展状况和未来研究的方向。

尽管近年来基于深度学习的视频文本跨模态检索技术得到了相当程度的发展，但仍然难以完全满足现实世界的需求。为了进一步提高检索的准确性和效率，仍需进行深入的研究和探索。这包括但不限于优化算法结构、改进数据处理技术以及增强模型的泛化能力等方面。随着研究的不断深入，视频文本跨模态检索技术有望在未来取得更大的突破，为人们提供更便捷、高效的信息检索服务。

第五章　多模态在人机交互领域的应用

多模态人机交互（multimodal human-computer interaction）是一种利用多种感知通道（如语音、图像、文本、眼动和触觉等）进行信息交换的技术。这种交互方式能够充分利用人类的多种感知能力，提高人与计算机之间的交互效率和体验[79]。在心理评估、教育教学、军事仿真和医疗康复等领域，多模态人机交互技术具有广泛的应用前景，能够为这些领域提供更加自然、直观和有效的交互方式。本章对多模态人机交互技术的发展历史和现状进行了系统的阐述，分析了现有工作的不足之处。在此基础上，结合多模态人机交互领域的最新研究成果，本章将系统地探讨人机交互的发展历史，评述多模态人机交互技术的最新进展，并展望其未来的发展前景。

一、人机交互发展历史

人机交互（human-computer interaction, HCI）是一个跨学科的研究领域，专注于探索和优化人与计算机或其他机器之间的交互过程。这一领域不仅涵盖了计算机软件和操作系统，也扩展到了日常生活中各种机器的交互设计，包括家用电器、工业设备以及辅助技术等。随着技术的发展，人机交互方式经历了从传统的鼠标和键盘输入向更自然、更直观的交互方式转变[80]。随着图形软件和硬件技术的进步，以及人工智能技术的发展，人与计算机之间的交互方式正从传统的鼠标和键盘操作向语音识别、面部表情分析、手势控制和触觉反馈等新型交互方式演进。人机交互的发展历程见证了从简单到复杂、从传统到现代的演变。

1959 年，美国学者 B. Shackel 发表了历史上第一篇关于人机界面的文献，标志着人机交互研究的起点。他基于对机器减轻人类生产疲劳的研究，探讨了人机界面的设计原则和交互方式。随后，1960 年，JCR Liklider 提出了人机界面学的启蒙观点，即人机紧密共栖（human-computer close symbiosis）概念，强调人机之间应实现高效、自然的交互。

1969 年，第一届关于人机界面的国际性大会召开，具有里程碑式的意义，标志着人机交互领域正式进入国际视野。同年，英国拉夫堡大学（Loughborough University）的 HUSAT 研究中心和美国施乐（Xerox）公司的 Palo Alto 研究中心相继成立，为人机交互的发展提供了研究和实践的平台。

20 世纪 80 年代，人机界面方面的专著陆续出版，为人机交互的发展提供了理论基础。这一时期，Richard 的“Put-That-There”系统首次将多模态交互应用于图形化界面，融合了语音输入和手势输入两种模态，用户可以通过语音和手势指向在系统中操作几何图形，这一研究标志着多模态交互领域的开端，并为之后的研究和探索奠定了基础。

20 世纪 90 年代，计算机多媒体技术的兴起与发展为人机交互的研究提供了新的方向，人机交互研究的重点开始更多地放在了以人为中心的方面。到了自然用户界面时代，人们倾向更自然的交互方式，如触摸控制、动作控制、自然语言控制等。

2010年后，以苹果Siri、谷歌Now、微软Xiaoice等为代表的人工智能语音交互，凭借其省时省力、学习成本更低的优势特征，成为人机交互领域新的需求方向和研究热点。这些语音交互系统不仅提高了交互的便捷性，还体现了人工智能技术在人机交互领域的应用。

2020 年后，Meta 公司的 Quest、苹果公司的 Apple Vision Pro 等设备推出，人机交互开始向沉浸式、眼动、手势等多个模态信息交互的方向发展。这些技术进一步拓展了人机交互的可能性，使得交互更加自然、直观，为用户提供了更加丰富和沉浸式的体验。

人机交互技术经历了从简单到复杂、从传统到现代的演变，逐渐实现了从单一模态到多模态、从被动交互到主动交互的转变。未来，随着技术的不断进步和创新，人机交互领域将继续拓展，为用户提供更加自然、高效、便捷的交互体验。

二、多模态融合方法和人机交互研究现状

（一）多模态融合方法

在现代人机交互系统中，如何有效地融合不同模态的信息，以提升人机交互的质量，是一个重要的研究课题。多模态融合技术能够整合来自语音、图像、文本、触觉等多种感知通道的信息，从而实现更加丰富和自然的交互体验。现有的多模态融合方法主要可以分为三种类型：特征层融合方法、决策层融合方法以及混合融合方法。如图 5.1 所示。

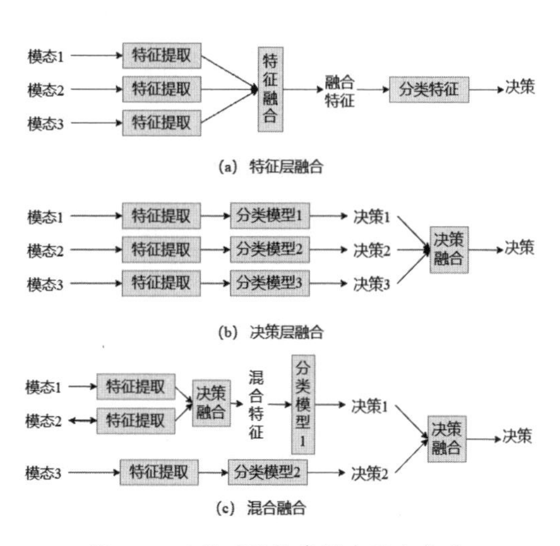

图 5.1　三种不同的多模态融合方法

1. 特征层融合方法

特征层融合方法的核心在于将来自不同模态的信息提取出的特征进行融合。

这些特征通常是通过各种传感器和数据采集设备获取的原始数据经过预处理和特征提取后得到的。在特征层融合中，不同模态的特征通过某种变换映射为一个特征向量，然后将这个特征向量送入分类模型中，通过模型的学习来获得最终的决策。这种方法的优势在于可以充分利用不同模态的特征信息，但可能面临特征选择和特征映射的挑战。

2. 决策层融合方法

决策层融合方法侧重于在决策层面上进行多模态信息的融合。这种方法通常是将不同模态的信息分别处理后，得到各自的决策或预测结果，然后将这些决策或预测结果进行合并，以获得最终的决策。决策层融合方法的优势在于可以保留不同模态信息的原始决策或预测结果，但可能面临决策合并和冲突解决的挑战。

3. 混合融合方法

混合融合方法结合了特征层融合方法和决策层融合方法的特点。例如，可以将两种模态特征通过特征层融合获得的决策与第三种模态特征获得的决策进行决策层融合，从而得到最终的决策。混合融合方法的优势在于能够结合不同融合方法的优点，但可能面临融合策略设计和优化的问题。

不同的多模态融合方法各有其独特的优势和适用场景，通过选择和组合这些方法，可以有效地提升人机交互系统的性能和用户体验。未来的研究将继续探索如何更好地整合多模态信息，以应对日益复杂和多样化的用户需求和交互场景。

（二）多模态人机交互研究现状

1. 沉浸式虚拟现实多模态人机交互

头动和眼动交互技术自20世纪80年代以来逐渐发展，为用户提供了一种替代传统鼠标输入的运动控制方式。这一技术的发展旨在解决传统鼠标输入在空间自由度和交互效率上的限制。然而，早期的研究表明，一方面，单纯依靠眼动进行交互虽然速度较快，但准确度相对较低；另一方面，单纯依赖头动进行交互则可能导致用户产生疲劳感，从而降低交互效率。

为了解决这些问题，Tang 等人[81]提出了一种结合头动和眼动的沉浸式虚拟现实多模态人机交互设计。这种设计融合了头动和眼动两种模态的输入，并设计了一种头眼协调交互模型，有效地消除了人机交互意图中的歧义。从神经科学和运动学的角度出发，研究者探究了头眼运动协调的特点，将视线转移划分为以头部支持的视线转移和仅有眼球转动的视线转移两种类型。

基于互补型多模态交互原则，该设计结合了头部和眼睛两个输入模态的优势，通过识别用户意图来完成交互任务。为了验证这一设计的效果，研究者选择了目标选择任务，并在沉浸式虚拟现实（immersive virtual reality, VR）环境中设计了一个包含三维场景和二维场景的四个模态对比实验。实验结果表明，头眼协调交互模型在自然性和准确性方面表现较好，能够有效提升用户的交互体验。

头眼协调交互模型在人机交互领域展现出较好的应用前景，它不仅能够提高交互的自然性和准确性，还能够减少用户的疲劳感，从而提升交互效率。随着技术的进一步发展，头眼协调交互模型有望在人机交互领域发挥更大的作用。

2. 混合脑—机接口多模态人机交互

脑—机接口（brain-computer interface, BCI）[82]是一种新型的人机交互技术，它通过直接连接人或动物的大脑与外部设备，实现对外部设备的直接控制。这一技术的原理如图 5.2 所示，它代表了人机交互领域的一次重大技术突破。

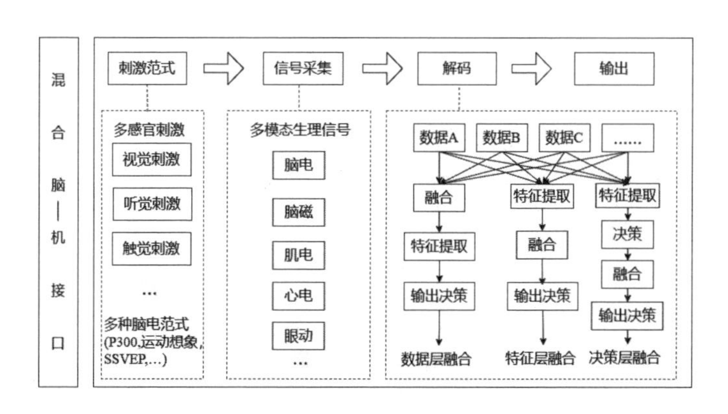

图 5.2　混合脑—机接口原理

自 1929 年德国耶拿大学精神病学教授 Hans Berger 首次在头皮上记录到脑电信号以来，脑—机接口技术经历了漫长的发展历程。人机交互系统中的核心挑战在于如何使计算机能够检测并识别出人的意图，且在此基础上搭建一个友好的用户界面，以实现高效流畅的交互体验，以及在节省用户认知成本的前提下，保证交互的准确性和可靠性。

随着技术的发展，用户界面（user interface, UI）也经历了从命令行界面（command-line interface, CLI）到图形用户界面（graphical user interface, GUI），再到自然用户界面（natural user interface, NUI）的演变。NUI 的目标是通过最自然的方式实现人与计算机的交互，它整合了语音识别、手势识别、触摸屏、触觉、眼动追踪和 BCI 等多种输入通道，以调动多感官体验，提高交互的流畅度和沉浸感。

人脑与计算机接口（human-brain computer interface, HBCI）技术[83]作为人机交互的主要表现形式之一，其出发点与构建多模态生理信号融合的 HBCI 系统不谋而合，因此将 HBCI 应用于人机交互系统顺应了发展趋势，也必将为人机交互领域注入新的生机与活力。HBCI 技术是一项典型的跨学科交叉研究，它需要神经科学、生物学、医学、控制学、人工智能等多个学科的交叉融合。目前，HBCI 技术主要以“监测者”和“控制者”的角色参与人机交互系统，通过多模态融合构建更多维的认知表征模型，从而提升人机交互系统的整体性能。尽管当前 HBCI 技术仍处于发展阶段，但随着认知科学研究的不断深入，可以预期未来 HBCI 技术将在人机交互领域取得更深更远的发展，为人类提供更加自然、高效、便捷的交互方式。

3. 面向人类智能增强的多模态人机交互

近年来，人工智能（artificial intelligence, AI）的快速发展使得机器智能不断进步，这不仅推动了技术革新，也引发了对于人类智力造成挑战的担忧。与此同时，一些学者致力于另一条道路——智能增强（intelligence augmentation, IA）的研究。智能增强与人工智能不同，它是一个跨学科领域，涉及基因科技、智能科技、心理学、脑神经提升技术与微生物科技等多个学科，其核心目的是增强以人为核心的人机交互，促进人与生物神经网络的交互，从而提升人体自身的智能与能力。

Zhao 等人[84]提出了一种基于赫布型学习理论的智能增强方法，该方法旨在通过视听触多模态有机融合的人机交互机制，结合赫布型学习理论和视听触多模态有机融合，构建认知负荷可控、生理反馈及时、体脑双向交互的新型人机交互系统。该系统提出了一种多感觉激励作用的注意力、工作记忆训练系统框架，旨在探索智能增强训练的新方法。

在这个框架中，存在三个待研究的问题：多感觉通道人机交互范式和任务设计、认知能力可塑性效应验证、迁移和保持效应验证。为了解决这些问题，需要深入探究视听触交互任务对注意力的调控机理，研究不同交互行为对于大脑皮层可塑性的影响。具体而言，需要探讨长时间的多通道交互任务训练后，受训者的认知能力是否能够发生显著变化，这种变化的效果能够保持多长时间，以及这种变化的效果是否能够迁移到与受训任务不同的其他任务中去。

基于赫布型学习理论等可塑性机制，构建认知负荷可控、生理反馈及时、体脑双向交互的新型人机交互系统，能够有效支持人类智能的训练和增强，这将是人机交互研究的一个新命题。面向智能增强的人机交互研究将为揭示和认识人脑神经可塑性机制提供新的研究工具，同时将促进新型人机交互范式、交互硬件设备、交互软件方法等研究，研究成果将在个性化教育、神经康复、特种职业认知能力强化等领域产生应用价值。

4. 面向陆上分队战术的多人多模态人机交互

多人多模态人机交互是一个高度复杂的过程，涉及信息的传输、处理和呈现。它不仅涉及多模态交互，还涉及多受训者的交互。为了确保多人多模态人机交互能够及时响应，必须确定其交互策略。依据陆上作战的特点、单兵战术行为规律和虚拟仿真训练系统的多模态融合功能，面向陆上分队战术的多人多模态人机交互策略主要包括驱动场景变化的策略、驱动映射虚拟实体的策略以及优先驱动的策略。

Zhou 等人[85]设计了一种面向陆上分队战术的多人多模态人机交互模型。在这种作战环境下，受训者需要通过多种感知通道与虚拟环境进行交互，包括眼睛和耳朵感知、头部转动观察、声音传达或听到命令、手持武器操控以及真实行进和完成战术动作。这种交互状态涉及视觉、听觉、嗅觉、触觉和味觉等多模态。传统的单一模态交互的虚拟训练环境已无法为受训者提供高度沉浸式的作战体验，也难以形成作战能力的正向迁移。

多人多模态人机交互的模态设计可以通过视觉、听觉、触觉、身体姿态等四种模态与计算机进行交流，实现非接触实时自然的多模态交互，完成多个实体与虚拟人的双向映射和空间关联。这种交互策略使得受训者能够产生强烈的沉浸感，并在设定的现实训练场地中模拟复杂多变的虚拟战斗环境。这不仅支持陆上分队开展虚拟环境下多科目、强对抗的沉浸式战术训练，而且能够达成作战技能的正向迁移，为作战能力的积极有效转化提供了方法。

5. 面向元宇宙环境的自然交互和引导技术

随着新一代信息技术和相关产业的不断成熟，元宇宙环境下的自然交互方法得到了快速发展，并在远程教育、虚拟医疗、线上文旅等领域展现出广阔的应用前景。这些技术的发展不仅推动了社会各领域的数字化转型，也为用户提供了更加自然、直观和沉浸式的交互体验。多模态组合交互方法、个性化引导方案、多维感知评价体系和面向应用场景的交互研究等是自然交互和引导技术的未来研究趋势。这些研究趋势旨在进一步提升交互的自然性、准确性和用户体验，为元宇宙环境下的交互设计提供新的思路和方法。

近年来，得益于虚拟现实（virtual reality, VR）、人工智能（artificial intelligence, AI）、5G和区块链等新兴技术的发展，“元宇宙”概念迅速升温，催生出大量应用场景。从概念层面而言，有“元宇宙第一股”之称的Roblox公司认为，一个真正的元宇宙产品应该具备八大要素：身份、朋友、沉浸感、随地、低延迟、多元化、经济系统、安全和文明。其中，“沉浸感”主要来源于可交互设备提供的全方位感知刺激，同时也是虚拟现实技术的终极目标之一。

在元宇宙环境中，最常用的交互模态是基于注视的交互。由于人眼大多数时刻都在观察和感知环境信息，基于注视的交互行为需要与普通的感知行为有所区别，以降低误操作频率。目前，常用的设计方法有三类：视线驻留、注视手势和注视追踪。这些交互方法通过捕捉用户的注视方向和持续时间，实现对虚拟环境的直接控制和交互，使得用户能够在元宇宙环境中更加自然地与虚拟对象进行交互。

随着技术的不断进步和应用场景的拓展，元宇宙环境下的自然交互方法将在未来继续发展，为用户提供更加丰富和沉浸式的交互体验。同时，相关研究也将不断深入，以推动元宇宙技术在更多领域的应用和创新发展。

三、多模态人机交互未来展望

本节详细讨论了多模态人机交互在眼动可视化和混合现实领域的未来发展前景。这些技术的进步为未来科技应用和用户界面设计带来了新的可能性和挑战，促使我们更深入地探索其在不同领域中的应用潜力与发展方向。

（一）眼动可视化人机交互

在可视化交互领域，可视化设计的研究和发展相对较早，已经取得了较为成熟的成果。然而，如何利用人们的多感知通道提出交互设计，以增强对数据可视化的理解并促进相关研究，是目前的研究热点之一。多模态交互设计旨在通过结合触觉、听觉等感知辅助手段，提供更丰富、更自然的交互体验，从而提升数据可视化的可用性和用户理解。

触觉和听觉等感知辅助在数据可视化交互中的应用，可以有效地减轻数据遮挡带来的观察不便，使用户能够从不同角度和维度理解数据。然而，这种多模态交互方式也可能带来一些挑战，例如用户移动交互上产生的空间范围小、易发生碰撞等问题。这些问题可能限制了多模态交互设计的广泛应用，尤其是在处理大量数据和复杂分析任务时。

因此，如何平衡各模态的交互组合、确定适用的分析任务以及提高交互效率，成为当前多模态交互设计研究的关键问题。研究者需要进一步探索如何优化多模态交互设计，以提高数据可视化的交互体验和用户满意度。同时，也需要考虑不同用户群体和应用场景的需求，以设计出更加普适和有效的多模态交互解决方案。

（二）混合现实人机交互

基于被动力触觉的混合现实交互，其交互对象的发展趋势从单一的静态交互物体逐渐向多个物体、多样化物体、可移动的交互对象、可变形的交互装置以及可提供动态力反馈的方向演变。这一趋势得益于科技的发展，尤其是多模态同步混合现实技术的发展，使得混合现实中的人机交互模式更加丰富和多样化。

多模态同步混合现实是一个将虚拟世界与现实世界相结合的统一概念，它为理解和设计连接虚拟世界和现实世界的各种系统提供了一些新的思路和方法。在混合现实环境中，系统不仅能够提供视觉和听觉上的交互体验，还能够结合被动力触觉和主动力触觉，为用户提供更加沉浸式的交互体验。

触觉反馈在混合现实交互中扮演着重要的角色。通过结合被动力触觉和主动力触觉，系统能够给用户带来更加真实和自然的交互感受。此外，随着技术的进步，交互的触觉代理将变得更加小型化、易获得，甚至可以采用日常生活中常用的物品作为触觉反馈的媒介。

总之，触觉反馈在混合现实交互中具有重要的地位，并且在未来的应用中具有巨大的潜力。随着技术的不断发展和应用场景的拓展，触觉反馈在混合现实交互中的应用将更加广泛，为用户提供更加丰富和沉浸式的交互体验。

本章小结

本章旨在全面阐述多模态人机交互在人机交互领域的应用，并探讨其发展历程与现状[86]。首先，本章回顾了人机交互的发展历史，从早期的单模态交互方式，如键盘和鼠标输入，到如今的多模态交互技术，这些技术融合了视觉、听觉、触觉等多种感官通道，以增强用户与计算机系统之间的互动。此外，本章还展望了多模态人机交互在眼动可视化和混合现实领域的未来发展。最后，本章总结了多模态人机交互的关键概念、技术挑战以及其在未来可能的发展方向。笔者强调了多模态人机交互在提升用户体验、促进技术普及和辅助特殊需求群体中的重要作用，并对本章内容进行了系统的梳理和概括，以期为进一步的研究和实践提供理论基础和实践指导。

第六章　基于多模态的知识图谱

多模态知识图谱是一种创新性的知识结构表示方式，它通过有效整合多样化的信息模态，如文本、图像、音频等，并通过图形化展示方式为用户提供直观的理解体验。在人工智能领域日益发展壮大的今天，多模态知识图谱在推荐系统、智能问答、知识搜索等领域中的应用越来越广泛，其价值逐渐显现[87]。相较于传统的基于图结构的知识表示，多模态知识图谱能够提供更为细致的认知系统，其中包含细粒度的知识。这种多模态的细粒度知识在很大程度上由于不同模态间特征对齐的困难而未能得到充分利用。为了解决这个问题，研究者们提出了一种密集框架。这个框架通过设计的密集注意模块和自校准损失，实现了图像区域与相应语义嵌入的精确匹配。这不仅使密集框架在实体间学习了更多差异化的知识，还突破了仅依赖粗略全局特征的性能瓶颈。

知识图谱（KG）是一种用实体和概念作为节点，用边表示节点间语义关系的图结构，并采用图的方式描述和表达知识，形成一个大规模的语义网络[88]。已有研究表明，KG 具有显著的价值，并在信息检索、智能问答、推荐系统等领域得到广泛应用。

传统的零样本方法需要对大规模数据进行详细属性的手动注释，这是一项耗时且困难的任务[89]。因在结构知识上存在局限性，现有基于知识图谱的零样本方法主要利用结构知识来生成未见对象的表示，但在识别类似类别时，它们往往忽略关键的区分特征，导致分类错误。

利用多模态知识进行零样本受到了很大的挑战。首先，组织多模态知识并为异构多模态数据生成表示是困难的。其次，不同模态知识之间的语义关联不易捕捉和构建。且在多模态知识中，文本描述通常包含比概念词更具细粒度的信息，但将细粒度信息适应性地用于增强其他模态特征是非常困难的，导致了处于从已见对象到未见对象的知识转移困境。

一、相关工作

（一）知识图谱

知识图谱（KG）是一种创新的知识表示和组织方式，它通过图形化的结构来展示现实世界中的实体、概念、关系以及属性。这种结构化的知识表示方法使得计算机能够更容易地理解、处理和检索信息，从而为用户提供更为精准和智能的服务。知识图谱中的实体可以是具体的事物，如人、地点、事件等，也可以是抽象的概念，如理论、思想等。这些实体通过关系相互连接，形成一个复杂而关联的网络。这些关系可以是简单的二元关系，如“是父亲”或“位于”，也可以是复杂的多元关系，如“由谁导演、编剧和主演的电影”。它们共同描述了实体之间的关联和依赖。

与传统的知识表示方法相比，知识图谱具有更为丰富的知识表示能力和更为灵活的结构，不仅能够表示实体之间的直接关系，还能够通过推理和关联挖掘出更多的隐含知识。这使得知识图谱在多个领域中都发挥着重要的作用，如搜索引擎、智能问答、推荐系统等。在构建知识图谱的过程中，需要进行知识抽取、知识表示和知识推理等多个步骤。知识抽取是从原始数据中提取出实体、关系和属性等信息；知识表示是将这些信息以图形化的方式进行展示；知识推理则是通过推理算法挖掘出更多的隐含知识[90]。

KG 由节点集 V 和边集 E 组成。节点代表不同的实体，而边则体现了这些实体之间的关系。这些边都是以主体—属性—对象（subject-property-object triple facts）的形式存在的三重事实。每一条边都属于一个特定的关系类型 r，这些关系类型共同构成了关系类型集合 R。在 KG 中，每条边都可以表示为（head entity, relation, tail entity）的形式，即（h, r, t），其中 h 和 t 都是节点集合 V 中的元素，而 r 则是关系类型集合 R 中的一个元素。这表示了从头部实体 h 到尾部实体 t 的 r 关系。图 6.1 为一个知识图谱的示例，展示了实体之间的关系网络。

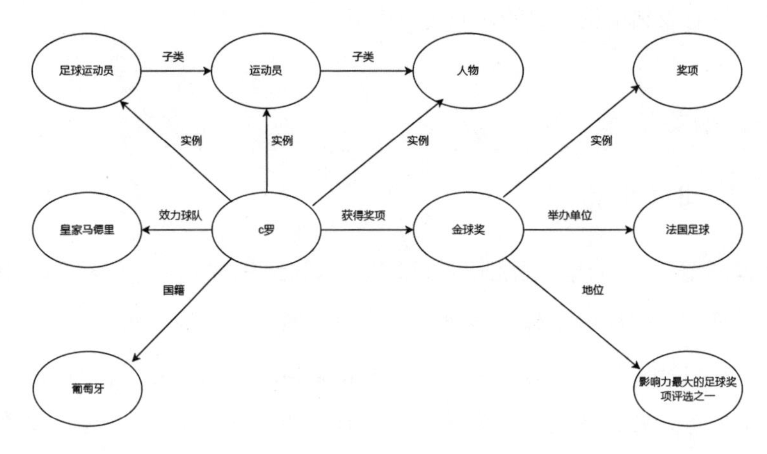

图 6.1　知识图谱示例图

（二）多模态知识图谱

多模态知识图谱学致力于将多种模态的信息（如文本、图像、音频、视频等）融合到知识图谱的构建中。相较于传统的单一模态知识图谱，多模态知识图谱能够更全面地描述现实世界中的实体、概念及其关系，从而提供更丰富、更准确的知识表示。关注多模态数据的获取、处理、融合和推理，这包括从多源异构数据中提取实体、关系和属性，将不同模态的数据进行对齐和融合，以及利用多模态信息进行推理和决策。这些过程需要综合运用自然语言处理、计算机视觉、机器学习等多个领域的技术和方法。

多模态知识图谱学还关注知识图谱的语义表示和推理能力。通过将多模态信息转化为统一的语义表示形式，多模态知识图谱能够支持更复杂的查询和推理任务。例如，可以通过图像和文本的联合查询来检索相关信息，或者利用多模态信息进行逻辑推理和决策支持。

在学术研究中，多模态知识图谱学不仅关注理论模型的构建和算法的设计，还注重实际应用场景的探索和验证。例如，在智能问答、推荐系统、语义搜索等领域，多模态知识图谱已经展现出了广泛的应用前景。同时，随着大数据和人工智能技术的不断发展，多模态知识图谱学也在不断面临新的挑战和机遇。

多模态知识图谱学是一个涉及多个学科领域的交叉学科，旨在通过融合多种模态的信息来构建更全面、更准确的知识图谱，并支持更复杂的查询和推理任务。其学术研究不仅关注理论模型的构建和算法的设计，还注重实际应用场景的探索和验证。

基于当前的研究，多模态知识图谱可以被理解为在传统知识图谱的基础上融入了多模态化的实体和属性，其中，视觉等多模态数据在增强实物展示、消除歧义以及补充细节方面发挥着重要作用，进而促进了语义的深入理解和可解释推理的能力[91]。然而，随着多种模态数据的加入，如何有效地表示非文本模态信息在知识图谱中成为一个亟待解决的问题。

为了更全面地展示多模态知识图谱的构造，参照 Richpedia 中的形式化定义，遵循 RDF 框架，扩展图像模态作为实体在知识图谱中的存在，并强调图像模态实体之间的关系发现，可以将多模态知识图谱视为多模态知识图谱三元组的集合：在多模态三元组 TM 中，实体集合 E 包括文本知识图谱实体 EKG 和图像实体 EIM，R 表示一系列关系的集合，L 是描述文本的集合，B 表示为一系列的空白节点，TM 表示格式为〈主语，谓语，宾语〉$=(E\cup B)\times R\times(E\cup L\cup B)$ ，其中，E 和 R 利用统一资源标志符（uniform resource identifier，URI）表示。

多模态知识图谱实体对齐是一个复杂但至关重要的任务，它旨在将来自不同模态的数据中的实体准确关联起来，确保数据的一致性和完整性。这一过程的实现，不仅有助于提升知识图谱的质量和准确性，还能为各种基于知识图谱的应用提供更为丰富和精确的信息支持。它利用向量空间中的几何结构和语义关系来捕捉实体间的关联，实现不同模态间的数据一致性和完整性。

Chen 等人[92]提出的 MTransE 模型，是一种基于翻译机制的多语言知识图谱嵌入方法，旨在以简洁且自动化的方式解决多语言环境下知识图谱的嵌入问题。该模型的核心思想是为每种语言的实体和关系在独立的嵌入空间中编码，同时确保每个嵌入向量能够顺畅地转换到其他语言对应的嵌入空间，保持其在单语言环境下的嵌入功能。为了实现跨语言转换，运用了三种不同的技术手段：轴校准、平移向量以及线性变换。基于这些转换机制，进一步结合不同的损失函数，衍生 MTransE 的五种变体，以适应不同的应用场景和需求。值得一提的是，MTransE 模型在部分对齐的图谱上也能进行有效的训练。即使在只有一小部分三元组与其跨语言对应物对齐的情况下，该模型也能展现出良好的性能。在跨语言实体匹配和三元组对齐验证的实验中，有着很好的结果，其中一些变体在不同任务上的表现始终优于其他变体。此外，还深入探讨了 MTransE 如何保留其单语言对应物 TransE 的关键属性。这不仅有助于更好地理解 MTransE 的工作机制，也为其在实际应用中的广泛推广提供了有力的理论支持。MTransE 模型为多语言知识图谱嵌入提供了一种不错的解决方案，为跨语言环境下的知识图谱应用开辟了新的可能。

王欢[93]等人提出了一种创新的中文跨模态实体对齐方法（chinese cross-modal entity alignment, CCMEA），该方法基于多模态知识图谱，创新性地将图像信息融入实体对齐任务中。CCMEA 是一种单双流交互预训练语言模型，该模型利用自监督学习方法，通过视觉和文本编码器分别提取图像和文本的特征，再利用交叉编码器进行精细建模，以捕捉跨模态间的复杂关联。最终，采用对比学习方法来计算图像和文本实体的匹配度，从而实现精确的跨模态实体对齐。这种方法的提出，不仅丰富了实体对齐的技术手段，也为多模态知识图谱的构建和应用提供了有力支持。

文献[94]提出了一种多模态细粒度融合方法，该方法结合 Vgg16[95]和光学字符识别（OCR）[96]技术，旨在有效提取图像及其中的文本信息。该方法进一步将 KG 链接预测任务转化为离线强化学习框架下的马尔可夫决策过程，并统一到一个序列处理框架中。通过引入基于感知的交互式奖励期望机制和特殊的因果掩蔽机制，成功地将查询转换为推理路径。此外，为了解决多模态优化中的不足问题，还提出了一种自回归动态梯度调整机制。这一系列的创新方法不仅提升了多模态信息的融合效率，也为 KG 链接预测提供了更为精确和有效的途径。

文献[97]提出了一种双融合多模态知识图谱嵌入框架——DFMKE（dual

fusion multi-modal knowledge graph embedding），旨在解决实体对齐问题。该框架通过设计早期融合方法，有效地融合了 KG 中多模态实体的特征表示。同时，运用多种技术独立生成各类知识的多种表示，并通过低秩多模态晚期融合方法进行整合。最后，采用双融合方案，将早期和晚期融合方法的输出相结合，从而实现对多模态信息的全面利用。这一框架的提出，不仅提高了实体对齐的准确性，也为多模态知识图谱的研究和应用提供了新的思路和方法。

二、研究方法

在本节中，笔者对上述问题进行了深入研究，并引入了一种与任务相关的符号表示方法。按照处理流程，笔者详细介绍了所提出的细粒度图传播框架；同时，为了更直观地展示框架的整体结构，笔者提供了图 6.2 作为示意图。通过这张图，读者能够清晰地了解框架的各个组成部分以及它们之间的相互作用。

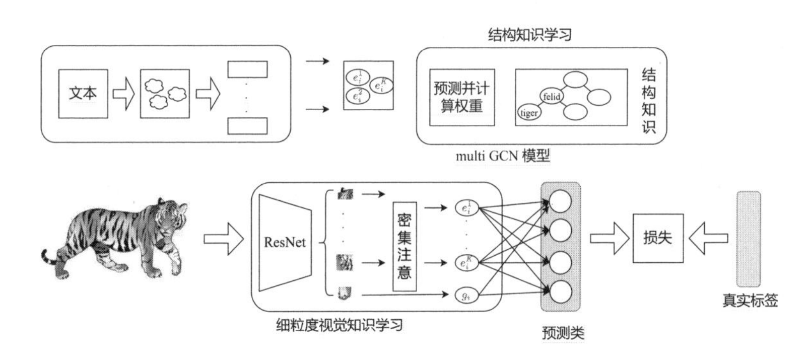

图 6.2　构建模型框架图

（一）语义嵌入

本研究内容主要集中在模拟人类在零样本学习中的认知过程，特别是在识别未见过的动物（如豹子）时如何利用先验知识。为了实现这一目标，笔者设计了一个语义嵌入生成模块，用于从文本描述中提取关键语义表示。这个模块利用无监督聚类算法处理来自多模态知识图谱的未标记文本语料库，以捕获关键语义嵌入。

具体来说，给定每个概念的描述，研究者首先对原始文本进行预处理，包括分词、词形还原、转换为小写和删除停用词等步骤。然后，使用依赖解析树过滤句子中的短语，并将这些短语转换为嵌入向量。接下来，利用 K 均值聚类算法将所有短语嵌入聚类为多个语义组，并捕获这些聚类的中心点作为关键语义嵌入。

这些关键语义嵌入被期望具有在语义空间中聚焦不同和代表性细粒度属性的能力。从机器理解的角度来看，这些关键聚类的语义可能是抽象的，不一定与人类专家关注的特征属性相对应。通过设计模块和实现视觉—语义特征对齐，可以提高机器在零样本学习中的识别能力。

（二）细粒度视觉知识

此部分利用原始视觉输入和生成的关键语义嵌入，实现了一个密集注意力模块，用于学习细粒度的视觉知识，同时确保视觉—语义空间的对齐。视觉注意力机制能够从图像的最相关的区域生成特征，以匹配关键嵌入，并已被证明对图像分类非常有效。将X中的每个图像分成 R 个大小相等的网格单元的(区域)，并用 $\{Ir \mid r \in R\}$ 表示。使用在 ImageNet[98] 上预训练的 ResNet-50[99] 来获取区域 r 的特征向量 $f^r \in R^{d_f} = f(Ir)$，其中 $f(\cdot)$ 表示 ResNet50 网络。对于样本，则是通过 v 定义了注意力机制的查询值，并通过 $\{f^r \mid r \in R\}$ 定义了关键值，然后可以计算每个查询对关键 v^c 权重，如公式（6–1）所示：

$$\alpha_k^r = \frac{\exp\left(v^{c,k} w_\alpha f^r\right)}{\exp\left(\sum_{r'=1}^{R} v^{c,k} w_\alpha f^{r'}\right)} \tag{6–1}$$

其中，$w_{\alpha \in} R^{d_c * d_f}$ 是 $v^{c,k}$ 的维度扩展到与视觉特征 f^r 的维度相等的参数。在关键语义嵌入 $v^{c,k}$ 的权重分布 $\alpha_k = \alpha_k^1, \alpha_k^2, \ldots \alpha_k^R$ 中，$\alpha_k^R \in [0,1]$ 且 $\sum_{r=1}^{R} \alpha_k^r = 1$ 意味着此模型可以根据不同的权重值选择不同的区域。因此，可以轻松进行选择过程，并得到公式（6–2）输出：

$$e_k = \sum_{r=1}^{R} \alpha_k^r f^r \tag{6-2}$$

现在得到了基于注意力的表示。每个状态 e_k 包含了关注不同主题的增强特定区域。换句话说，该方法具有从粗糙信息中提取细粒度特征的能力。目标是进一步确保关键语义嵌入能够识别与文本数据描述对应的所需关键视觉对象。

为了实现这一目标，设计了一个自校准损失，用于约束细粒度特征与相应语义嵌入之间的距离。具体而言，假设属于同一关键语义嵌入的不同图像中焦点区域的表示相关性应该相对接近，与其他匹配对类型相比。对于一个类别 c，首先计算其文本嵌入与关键语义嵌入之间的余弦距离 $dis_c \in R^K$。将 dis_c 视为一个新的标签，只需要不断逼近每个类别 c 的每个细粒度特征｛ $e_k \mid k \in K$ ｝与 dis_c 的相似度。自校准损失 L_{sc} 如式（6–3）所示：

$$L_{sc} = \frac{1}{2K} \sum_{K=1}^{K} \| ReLU\left(e_k w_{sc} - dis_c{}^k\right) \|^2 \tag{6-3}$$

其中，$w_{sc} \in R^{d_f *1}$ 表示训练映射参数。实际上，随着优化迭代的进行，各种图像中相似的细粒度区域将逐步对齐到相关的关键语义嵌入。通过这种方式，该模型逐渐理解了“黄色身体”是什么样的视觉特征。到目前为止，细粒度信息对齐的大部分动机已经实现。需要注意的是，本节中所有参数的优化将在一个微调过程中执行。将冻结 ResNet–50 的参数，并在 ImageNet–2012 数据集上微调此模型。具体的，对于 $\{e_k \mid k \in K\}$，为每个特征实现一个独立的全连接层 $w_f^{k^T} \in R^{d_f * |C_{tr}|}$ 作为它们的分类器。因此，最终输出如式（6–4）所示：

$$o = e_g w_g{}^T + b_g + \sum_{k=1}^{K} e_k w_f^{kT} + b_k \tag{6-4}$$

其中，e_g 和 w_g 分别表示 ResNet–50 提取的全局特征和相应的全局分类器。零样本分类任务的最终交叉熵损失定义如式（6–5）所示：

$$L=-\frac{1}{\Gamma_{tr}}\sum_{i\in\Gamma_{tr}}\log\frac{\exp\left(o_{c_i}^{i}\right)}{\sum_{c'\in C_{tr}}\exp\left(o_{i}^{c'}\right)} \tag{6-5}$$

其中，c_i 表示样本 i 的真实类别标签。在微调阶段，同时优化所有样本的损失，直到它们收敛到稳定状态。

将原始的视觉信息与提取的关键语义嵌入相结合，通过引入一个密集注意力模块，实现了对图像中关键区域的精准定位与特征提取，从而确保了视觉与语义空间的高度对齐。

具体而言，该方法首先将每张图像划分为 N 个等大小的网格区域，并利用预训练的 ResNet-50 网络从每个区域中提取特征向量。然后，通过注意力机制计算每个区域与查询值的权重，使得模型能够根据不同的权重值选择最具代表性的区域。这样，每个注意力状态都包含了强化特定主题的信息，从而实现了从粗略到精细的特征提取。

（三）结构知识

本节研究借助知识图谱中的结构关联以及半监督消息传播方法，旨在学习未见类别和已见类别之间的关系。为此，笔者提出了一种 Multi-GCN[100] 网络，用于拟合目标参数，并实现了具有子文本—视觉对齐的个体细粒度预测，以提升性能。

在 Multi-GCN 网络中，笔者采用每个类别的完整文本嵌入作为 GCN 的初始状态，预测卷积神经网络（CNN）的最后一层权重，并将预测向量替换原始权重。由于 GCN 网络能够学习未见类别的投影权重，分类框架在对 CNN 的参数进行微调后，获得了识别未见概念的能力。与以往基于知识图谱的模型不同，笔者提出的方法无须为几个具有不同关注主题的细粒度特征保持不同的分类器。相反，笔者设计的 Multi-GCN 网络，其中每个 GCN 对应一个细粒度通道，用于学习特定语义主题的增强细粒度视觉特征。

在初始节点嵌入的定义中，笔者使用了余弦距离来计算短语嵌入与关键语义嵌入之间的相似度，以确保与细粒度级别知识对齐，并避免错误的视觉—文本匹配的信息干扰。在损失函数中，Multi-GCN 模型通过优化来预测已知类别的分类器权重。

多模态框架的整个算法流程包括语义嵌入生成方法、细粒度视觉知识学习的训练方式、结构知识学习方法和最终的分类过程。这个框架实现了具有子文本—视觉对齐的个体细粒度预测，以提高未见类别的零样本识别性能。通过这种方式，笔者提出的方法能够更好地理解和利用知识图谱中的细粒度知识，从而提高机器在零样本学习中的性能。

三、实验

在 ImageNet 数据集上，笔者对提出的模型与一系列基线进行了实验，遵循了先前的研究设置，采用训练 / 测试拆分，并在包含 21K 图像的大型 ImageNet 数据集上评估了模型的零样本分类性能。实验利用 ImageNet 数据集的不同子集，通过零样本分类任务，评估了模型和基线在识别远离可见类的不可见对象上的能力，并考虑了将训练类别作为潜在标签的情况，以更全面地评估性能。

在零样本学习领域，已有多项研究工作展示了各自的特点和优势。例如，DeViSE 通过巧妙地利用文本数据来学习标签间的语义关系，将图像映射到富含语义信息的嵌入空间；ConSE 将视觉特征投影到语义空间中，通过结合已见类的语义嵌入和概率权重，实现对未见类的识别；EXEM 利用视觉特征向量的聚类中心作为目标语义表示，并充分利用集群间的结构关系；SYNC 通过引入幻影对象类来对齐语义空间和视觉空间，从而连接可见和不可见的类；GCNZ 整合了语义嵌入和分类关系来预测最终的分类器；DGP 是一个基于知识图的图嵌入模型，通过密集连接结构传播知识，并利用 KG 的层次结构进行零样本学习；GPCL 结合图卷积表示和对比学习，利用 KG 中不同类别间的多重关系进行零样本学习；HEVEL 进一步学习双曲空间中的层次感知图像嵌入，以保留语义类的层次结构；MGFN 开发了一个多粒度融合网络，集成了来自多个 GCN 分支的鉴别信息。

笔者将构建的模型与这些先进的零样本学习方法进行了比较，这些方法在利用文本数据、视觉特征、知识图结构等方面各具特色，旨在提升对不可见对象的识别能力。通过对比这些方法，我们能够更全面地评估模型的性能，并探讨其在不同方面的优势和潜在改进空间。

/本章小结/

在本章中，笔者详细介绍了一种新颖的细粒度图传播模型，该模型基于多模态知识图谱，并在零样本识别任务中强调了细粒度知识层面的语义迁移。具体来说，模型首先在与输入图像相关区域的视觉语义对齐过程中，生成了关键语义嵌入。这些嵌入代表了图像的细粒度特征，它们在语义上与知识图谱中的实体和概念相关联。

随后，利用 Multi-GCN 来学习如何将这些嵌入映射到可见和不可见类别的分类器上。Multi-GCN 的设计考虑了不同类别的语义差异，通过图卷积操作，模型能够捕捉到细粒度特征与分类器之间的复杂关系。通过这种方式，模型在经过少量微调后，便能在基于多模态知识图谱的零样本学习框架中有效地嵌入细粒度特征。

为了验证模型的有效性，笔者在大型真实数据集上进行了广泛的实验。实验结果表明，与当前最先进的方法相比，构建的模型在零样本识别任务中具有显著的性能优势。这一发现进一步证明了细粒度图传播模型在多模态知识图谱中的应用潜力，以及在零样本学习领域中的重要地位。

第七章　基于多模态的图像检索

图像检索是数据库和计算机视觉交叉领域的一项重要任务，其主要目标是在海量的图像数据中准确地检索出满足特定条件的图像。为了提高图像检索的准确性和效率，本研究提出了一种基于语义增强特征信息融合的多模态图像检索模型。该模型通过建立文本特征和图像特征之间的关联，实现了多模态图像检索任务中的语义特征融合。

在语义特征融合过程中，本研究提出了两个功能对组合的特征进行优化的模块，分别是文本语义增强模块和图像语义增强模块。首先，通过引入多模态双注意机制，文本语义增强模块建立了文本与图像之间的关联，从而增强了文本语义。其次，在图像语义增强模块中，引入了保留更新机制，以控制组合特征中查询图像特征的保留和更新程度，从而进一步增强图像语义。实验部分，在 States 和 Fashion IQ 数据集中对 SEFM 及该模块进行了分析。实验结果显示，所提出的模型在召回和精度指标方面的表现优于现有的工作。这表明，通过语义增强特征信息融合的多模态图像检索模型能够有效地提高图像检索的性能。

图像检索是数据库和计算机视觉交叉点上的一项关键任务。这项任务的目标是利用先进算法从广泛的数据集中检索出符合特定标准的图像[101]。在开发图像检索系统时，最艰巨的挑战之一是准确辨别用户意图的能力。由于人类认知的多模态性质，通过单独的图像或文本全面传达用户意图被证明是一项复杂的工作。因此，本研究介绍了图像检索中多模式查询的集成，以增强用户意图的沟通。

值得注意的是，这项研究在多模态图像检索领域取得了成功，使查询能够以文本和视觉格式输入，用于检索与查询相似的图像。与单一文本或图像检索方法相比，多模式检索使用户能够以更灵活和直观的方式表达他们的需求。

通常，文本特征与图像特征是从不同的神经网络中提取出来的，得到的特征分布不一致。目前，多模态图像检索工作大部分是直接将这两种特征结合起来，而忽略了它们特征片段之间复杂的相关性。本研究的目标是更好地建立文本特征和图像特征之间的相关性，通过在特征融合部分分别对文本和图像进行语义增强，以建立两个模态之间的联系，并优化组合特征使其更接近目标图像特征，进一步提升检索性能[102]。

一、相关工作

（一）图像检索

图像信息检索的研究起源于 20 世纪 70 年代，最初的形式是以图像为依据的图片搜索方法（topic-based image retrieval, TBIR）。这种方法主要依赖图像标记，对图片信息进行文字描述，为每个图片生成相应的关键字。使用者可以通过这些关键字对图片信息进行搜索。TBIR 方法具有检索速度快、精确度高的优点，但其缺点在于图像文字描述的缺乏和人工标注工作量大。

到了 20 世纪 90 年代，随着计算机视觉和图像处理技术的进步，出现了以内容为基础的图像检索技术（content-based image retrieval, CBIR）。CBIR 技术在数据库中以图像的语义特征为线索进行检索，通过提取图像的视觉特征，如颜色、纹理、形状等，来表示图像内容。然而，由于图像的语义特征与人类对图像的理解之间存在差异，即所谓的“语义鸿沟”，CBIR 技术在实际应用中仍存在一定的局限性。

为了解决语义鸿沟问题，研究者们提出了多种图像检索技术，其中包括利用人机交互的形式提高检索效率的图像检索技术。这些技术包括草图检索[103]和交叉视图图像检索[104]。草图检索允许用户通过绘制草图来表达他们对图像的模糊概念，然后系统会根据草图的形状、颜色等特征在数据库中检索出相似的图像。交叉视图图像检索则是通过将用户提供的文本描述与图像的视觉特征相结合，从而提高检索的准确性和相关性。

（二）多模态深度学习

在计算机视觉领域，多模态数据融合是一个重要的研究方向，涉及视觉问答、图像字幕、影音分割等多个任务。多模态数据融合的目标是整合不同模态的信息，以实现更准确、更自然的交互和理解。目前，已经提出了多种融合文本和图像的方法，旨在提高多模态信息处理的能力。

Yan 等人[105]提出的 Relationship 方法是一种以关系推理为基础的方法，它通过分析图像中的对象之间的关系，来推断图像的语义内容。Perez 等人[106]提出的 FiLM 方法则试图通过应用仿射变换来影响源图像在网络中的输出，从而实现图像和文本的融合。Nagarajan 等人[107]提出的 Attributes as operators 方法，用嵌入的方法将属性变成一种操作，学习属性如何转化对象。在学习完成后，属性对对象的影响可以泛化为未见过的对象，从而实现跨类别的多模态信息处理。在图像文本多模态检索方面，Vo 等人[108]首次提出了利用图像结合修改文本的多模态查询方式开展图像检索的工作，并提出了 TIRG 模型。该模型使用门控和残差模块获得用于检索操作的组合特征，从而实现图像和文本的融合。此外，Anwaar 等人[109]提出的 ComposeAE 模型，引入复空间在复空间内旋转变换查询图像，由文字特征决定旋转信息，使组合特征更接近目标图像特征，从而提高了检索的准确性和效率。

这些方法在图像文本多模态检索任务中都取得了一定的进步和成效。随着技术的不断发展和应用场景的拓展，多模态数据融合技术将在计算机视觉领域发挥更大的作用，为用户提供更加丰富和自然的交互体验。

二、模型介绍

（一）问题定义

通过给定一个输入查询$Q(I_q,T_q)$，其中I_q表示查询图像，T_q表示查询文本。首先通过不同的网络来提取文本特征f_{T_q}和图像特征f_{I_q}，充分融合文本、图像两种模态的特征得到组合特征f_c；计算组合特征与目标特征之间的相似度，按照相似度从大到小排列，取前k个图像I_i（$1 \leqslant i \leqslant k$）返回检索结果，其中，$I_i \in D$（$D$为图像数据集），$I_i$的特征为$f_{I_i}$且$f_{I_i} \approx f_c$。整个过程描述了一个基本的多模态图像文本检索流程。

（二）多模态特征提取

多模态图像检索模型（semantic enhanced feature fusion, SEFM）中的图像特征f_I和文本特征f_T是从独立的单模态模型中提取的。使用ResNet-17提取图像特征向量，位于512维空间，表示为$f_I = F_{\text{img}}(I)$。ResNet[110]残差网络具有深度自适应能力，为了解决梯度消失问题，使冗余的block学习成恒等映射，从而不会降低性能。对于文本特征的提取，通过使用BERT[111]模型提取文本特征向量，位于728维空间，表示为$f_T = F_{\text{text}}(T)$。式中：T为728维空间中的文本。

（三）多模态特征融合

在多模态图像检索任务中，初始模块的设计至关重要，它负责将查询文本特征和查询图像特征相结合，以实现对数据集的全面理解。从多模态图像检索数据集的特点出发，针对数据集的特殊结构，我们设置了相应的融合方式，以提高检索的准确性和效率。

初始融合模块采用了向量运算，通过拼接融合和加性融合两种方法，实现了特征的结合。拼接融合是一种常见的将特征结合起来的方法，它通过输出融合两个嵌入的所有信息，将这些信息传递给神经网络来识别关系。在这种方法中，所有的特征点都被赋予相似的权重，确保不会丢失信息，从而可以提升模型性能，捕捉数据的复杂性。

加性融合则通过将图像特征和文本特征线性投影成相同维度，实现特征的结合。虽然这种方法可能会导致信息丢失，但可以通过图像嵌入规模来弥补。我们利用公式 $f = f_i \oplus f_T$ 推导出初始融合向量，以实现特征的加性融合。

乘性融合与加性融合类似，也要求图片特征和文本特征维度相同。这种方法对特征的强调程度更大，但同样存在对向量的运算程度低以及信息丢失问题。

为了解决这些问题，笔者提出了一种双重文本融合策略。这种策略更符合查询文本较长的数据集，尤其是针对语义特征，可以更好地增强对其的理解效果。通过这种策略，我们能够更有效地融合文本和图像特征，从而提高多模态图像检索的性能。融合策略如图 7.1 所示：

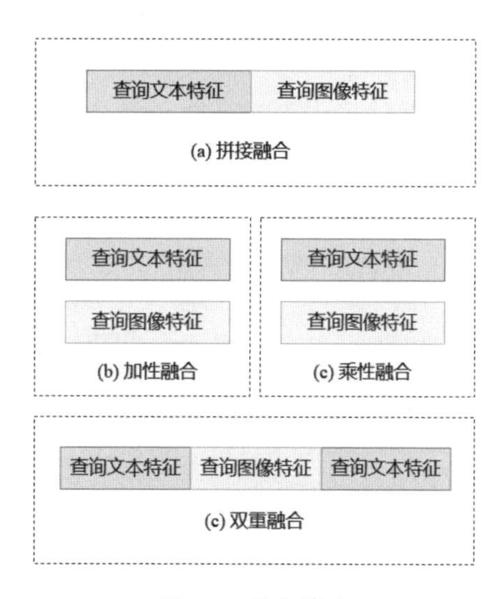

图 7.1　融合策略

（四）反向解码及联合损失训练

深度度量学习(deep metric learning)是一种用于学习嵌入(特征提取)的技术，其核心思想是通过深度神经网络学习到的特征表示，使得来自同一类别的示例比来自不同类别的示例更接近[112]。这种方法可以被转换为一个具有三元约束的优化问题，即在特征空间中，对于每个类别都要满足“类内相似性”和“类间差异性”的约束。

深度度量学习的优势在于它能够学习到更具有判别性的特征表示。这种特征表示能够有效地区分不同类别，因此在相似性度量任务上表现出较高的性能。与传统的度量学习方法相比，深度度量学习能够直接从原始数据中学习到适合度量学习任务的特征表示，而无需人工设计特征。这大大提高了模型的泛化能力和鲁棒性。

深度度量学习已经在多个领域取得了显著的成果，例如在人脸识别中，它能够准确地识别和匹配人脸图像；在图像检索中，它能够快速定位相似的图像；在视频分析中，它能够有效地跟踪和识别视频中的物体和事件。这些应用的成功，使得深度度量学习成为机器学习和计算机视觉领域的研究热点之一。随着深度学习技术的不断发展和应用场景的拓展，深度度量学习有望在未来取得更大的突破，为各个领域提供更强大的支持。

反向解码及联合损失训练如图 7.2 所示：

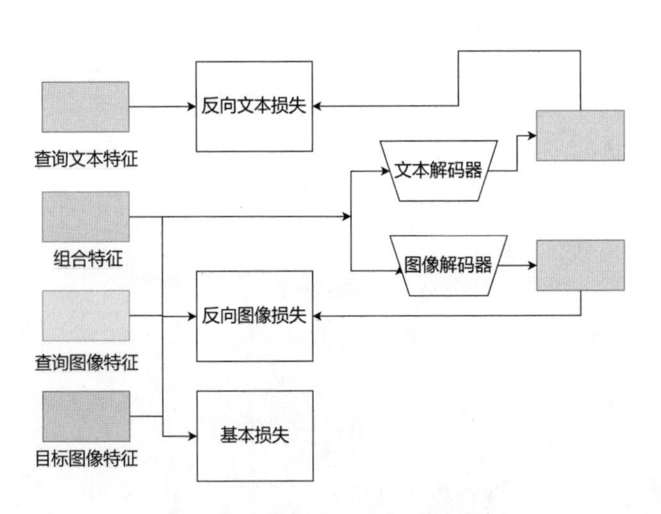

图 7.2　反向解码及联合损失训练

本节采用深度度量学习方法来训练模型，目标是使组合特征与目标图像特征之间的相似性度量尽可能大，并且应该使组合特征与非相似图像特征的相似性尽可能减小。本节遵循 TIRG 和 ComposeAE 在各个数据集中使用的基本损失如公式（7–1）所示：

$$L_{\text{base}} = f_{\text{loss}}\left(f_c, f_{I_i}\right) \tag{7–1}$$

在 MIT–States 数据集中，采用了软三元组损失（SoftTriple Loss）作为基本损失函数。这种损失函数的设计旨在通过最小化正样本与负样本之间的距离，同时最大化正样本与正样本之间的距离，从而促进不同类别之间的区分。实验中，笔者创建了 M 个集合，每个集合包含一个正样本和一个负样本。在这里，M 的值被选择为与 ComposeAE 模型相同的值，即 3。软三元组损失函数的表达式（7–2）如下：

$$f_{\text{loss}} = \frac{1}{MN}\sum_{i=1}^{N}\sum_{m=1}^{M} \ln\left(1 + \exp\left(k\left(f_c^i, \tilde{f}_{I_t}^{i,m}\right) - k\left(f_c^i, \tilde{f}_{I_t}^{i}\right)\right)\right) \tag{7–2}$$

通过 两个反向解码器增加反向损失，约束多模态特征学习，保留相关信息，减少性能变化，防止过度拟合，反向解码组合特征的表达式（7–3）和（7–4）如下：

$$f_{\hat{I}} = \varphi_{\text{img}}\left(f_c\right) \tag{7–3}$$

$$f_{\hat{T}} = \varphi_{\text{text}}\left(f_c\right) \tag{7–4}$$

式中：φ_{img} 和 φ_{text} 为反向图像解码器和反向文本解码器。

把解码所得特征和两个模态的输入特征相比作为反向损失，表达式（7–5）和（7–6）如下：

$$L_{RI} = \frac{1}{N}\sum_{i=1}^{N} \| f_{I_q}^i - f_{\hat{I}}^i \|_2^2 \tag{7–5}$$

$$L_{RT} = \frac{1}{N}\sum_{i=1}^{N} \| f_{T_q}^i - f_{\hat{T}}^i \|_2^2 \tag{7–6}$$

最终损失为基本损失加两个反向解码求得的损失，最终损失公式（7-7）为：

$$L = L_{\text{base}} + L_{RI} + L_{RT} \quad (7\text{-}7)$$

三、实验结果与分析

（一）数据集

在本研究中，实验部分采用了两个数据集：MIT-States 和 Fashion IQ。这两个数据集均属于多模态图像检索领域，能够提供丰富的数据样本以验证所提出模型的有效性。首先，MIT-States 数据集包含了大约 60,000 张真实图像，这些图像由形容词（状态）和名词（类别）共同描述。该数据集具有 245 个名词类别和 115 个属性类别，为研究提供了丰富的视觉和文本信息。其次，Fashion IQ 数据集包含 77,684 个时尚产品，这些产品被分为三个类别：连衣裙、衬衫和上衣 &T 恤。每个目标图像都有两个手动文本注释，这为多模态图像检索任务提供了丰富的文本描述。

（二）实验设置

在本研究中，笔者采用排名 k 的召回率（$R@k$）和准确率（$P@k$）作为评估指标，用以衡量模型在多模态图像检索任务中的性能。在实验中，笔者使用与 ComposeAE 模型相同的 ResNet-17 进行图像特征提取，该网络能够输出 512 维的特征向量。对于查询文本，笔者通过 BERT 模型进行编码，具体使用 BERT-as-service 和 Uncased BERT Base 两种预训练模型，为查询文本输出一个 728 维的特征向量。为了验证所提出 SEFM 模型的性能，笔者将 SEFM 的结果与以下几种方法进行了对比：Attributes as operators、Relationship、FiLM，TIRG、TIRG-Bert 和 ComposeAE。其中，TIRG-Bert 是一个带有 Bert 的 TIRG 模型，它结合了 Bert 模型的优势，能够更好地处理和理解查询文本，从而提高检索的性能。通过与这些方法进行对比，实验结果表明，所提出的 SEFM 模型在多模态图像检索任务中取得了较好的性能，特别是在召回率和准确率方面表现突出。这进一步验证了 SEFM 模型在处理多模态数据时的有效性和潜力。

（三）定量分析

在 MIT–States 数据集与 Fashion IQ 数据集上，笔者对比了不同算法在多模态图像检索任务中的召回率结果，这些结果如表 7.1 和表 7.2 所示。在这些表格中，*R@k* 表示检索结果中排名前 k 的结果中包含目标图的召回率。

表 7.1　MIT–States 数据集中不同算法的召回率结果对比

模型	*R@1*	*R@5*	*R@10*
Attributes as operators	8.8 ± 0.1	27.3 ± 0.3	39.1 ± 0.3
Relationship	12.3 ± 0.5	31.9 ± 0.7	42.9 ± 0.9
FiLM	10.1 ± 0.3	27.7 ± 0.7	38.3 ± 0.7
TIRG	12.2 ± 0.4	31.9 ± 0.3	43.1 ± 0.3
TIRG–Bert	12.3 ± 0.6	32.5 ± 0.3	43.3 ± 0.5
ComposeAE	13.9 ± 0.5	35.3 ± 0.8	47.9 ± 0.7
SEFM	15.5 ± 0.8	37.7 ± 1.0	49.6 ± 1.0

表 7.2　Fashion IQ 数据集上不同算法的召回率结果对比

模型	*R@10*			*R@50*		
	连衣裙	衬衫	上衣 &T 恤	连衣裙	衬衫	上衣 &T 恤
TIRG	2.2 ± 0.2	4.3 ± 0.2	3.7 ± 0.2	8.2 ± 0.3	10.7 ± 0.3	8.9 ± 0.2
TIRG–Bert	11.7 ± 0.5	10.9 ± 0.5	11.7 ± 0.3	30.1 ± 0.3	27.9 ± 0.4	28.1 ± 0.3
ComposeAE	11.2 ± 0.6	9.9 ± 0.5	10.5 ± 0.4	29.5 ± 0.5	25.1 ± 0.3	26.1 ± 0.6
SEFM	11.9 ± 0.3	11.2 ± 0.5	11.7 ± 0.3	29.6 ± 0.5	27.4 ± 0.5	27.5 ± 0.3

在表 7.1 中，SEFM 达到了 15.5，相比于 TIRG、TIRG Bert、ComposeAE 各自提高了 27.05%、26.02%、 11.51%。从表 7.2 可以看出， SEFM 在 Fashion IQ 数据集上相比于其他方法也有提升。SEFM 模型和 ComposeAE 模型相比较，连衣裙 类别的 *R*@10 指标为 11.9，性能提高了 6.25%，衬衫类别的 *R*@10 指标，性能提高了 13.13%，上衣 &T 恤类别的 *R*@10 指标，性能提升了 11.43%。SEFM 模型整体效果最优，但是在 *R*@50 指标上，TIRG-Bert 的召回率更高。MIT-States 数据集中不同算法的准确率结果对比如表 7.3 所示。表中，*P*@*k* 为检索结果中排名前 *k* 的结果中目标图像的比例。Fashion IQ 数据集设定的目标图像只有一个，所以没有做准确度计算。由表 7. 3 可以看到，*P*@5、*P*@10，相较于 ComposeAE，SEFM 性能分别提升了 6.78% 和 5.66%。由两个数据集的结果可以看出， SEFM 模型在多个指标上有所提高，说明通过多模态双重注意力（multi-modal dual attention, MDA）模块和保留更新机制增强文本、图像语义，可以优化组合特征，提升检索性能。Fashion IQ 相对于 MIT-States 数据集来说，整体召回率比较差，是因为 Fashion IQ 数据集的查询文本内容更复杂。

表 7. 3　MIT-States 数据集上不同算法的准确率结果对比

模型	*P*@5	*P*@10
TIRG	11.2 ± 0.2	10.2 ± 0.2
TIRG-Bert	11.2 ± 0.2	10.1 ± 0.2
ComposeAE	11.8 ± 0.5	10.6 ± 0.3
SEFM	12.6 ± 0.4	11.2 ± 0.2

（四）定性分析

图 7.3 展示了 SEFM 模型在 MIT-States 数据集和 Fashion IQ 数据集上的定性检索结果。前两行展示了来自 MIT-States 数据集的检索示例，而后两行展示了来自 Fashion IQ 数据集的检索示例。例如，在第二行的检索示例中，观察到所有

图像都被文本语义增强模块调整为“古代的”，同时保留了图像语义增强模块中时钟特征的表达。

图 7.3　基于语义增强特征融合的多模态图像检索模型的检索示例

四、结论

本研究提出了一种名为 SEFM（semantic enhanced feature mapping）的新方法，旨在解决多模态图像检索问题[113]。该方法的核心在于特征融合部分，通过增强文本特征之间的相关性，使得模型能够更好地理解和利用多模态数据中的语义信息。在文本语义增强模块中，SEFM 引入了多模态双重注意力机制，这一机制能够建立文本和图像两个模态特征之间的联系。通过考虑注意力结果与查询文本之间的相关性，SEFM 能够强化文本语义特性，从而提高文本特征的质量和模型对文本的理解能力。

此外，通过图像语义增强模型的文字更新强度，SEFM 在保留查询的图像特性的同时，还能够根据文字更新特性对图像特征进行调整，从而实现对图像语义的增强。整个 SEFM 模型通过增强文本和图形语义，使得组合信息更加贴近目标图像的特性，从而提高了多模态图像检索的性能。在 MIT-States 和 FashionIQ 这两种数据集上进行的试验和数据分析结果表明，与其他方法相比，SEFM 在图形融合效果上取得了显著的改进，特别是在不同语境下增强了多种语义特征之间的相关性，进一步提升了检索的准确性和相关性。

/ 本章小结 /

本章主要探讨了基于多模态的图像检索技术，旨在通过整合文本和图像信息来提高图像检索的准确性和效率。本章首先介绍了图像检索的历史背景和发展现状，指出传统方法如基于主题的图像检索（TBIR）和基于内容的图像检索（CBIR）在实际应用中的局限性，尤其是它们在处理语义鸿沟问题上的不足。为了解决这些问题，本章提出了一种新的多模态图像检索模型——SEFM，该模型通过语义增强特征信息融合的方式，实现了更高效的图像检索。

为了验证 SEFM 模型的有效性，本章在 MIT-States 和 Fashion IQ 两个数据集上进行了实验分析。实验结果显示，SEFM 模型在召回率和准确率等指标上表现优异，明显优于现有方法。例如，在 MIT-States 数据集上，SEFM 模型的 $P@5$ 和 $P@10$ 分别为 12.6 ± 0.4 和 11.2 ± 0.2，高于其他对比方法。为了更全面地评估模型的性能，除了定量分析，本章还进行了定性分析，以直观地展示模型的检索效果和识别能力。

最后，本章讨论了多模态图像检索面临的挑战及未来发展方向。一方面，如何准确辨别用户的意图仍然是一个难题，由于人类认知的多模态性质，单独使用图像或文本难以全面传达用户的需求。因此，集成多模式查询是增强用户意图沟通的重要手段。另一方面，尽管现有的多模态图像检索方法已经取得了一定进展，但在处理不同模态间特征分布不一致的问题上仍有待改进。为此，未来的研究可以进一步探索如何更好地建立文本特征和图像特征之间的相关性，以提升检索性能。

第八章　基于多模态动作识别

多模态动作识别的核心在于整合来自不同传感器的信息，以提升识别动作的准确性。然而，由于各传感器模式间存在通道差异，这可能导致信息间的冲突和重复。因此，目标是解决这一问题，提出一种策略，使多模态教师网络中的关键语义关联和分布特性能够高效地转移到RGB学生网络中。方法提出的焦点通道知识蒸馏策略主要包括两个方面：焦点通道相关性和焦点通道分布。焦点通道相关性强调关键语义之间的内在联系和多样性属性，而焦点通道分布则突出了显著通道激活的特征。该策略通过忽略较低区分度和不相关的通道，使得学生网络能够更有效地利用通道能力，并从其他模态中学习到互补的语义特征。采用焦点通道知识蒸馏策略后，学生网络在动作识别任务中取得了显著的性能提升。通过将注意力集中在最具信息量的通道上，学生网络能够更高效地学习关键语义，并减少对不相关信息的依赖。实验证明，这种策略能够有效地优化多模态动作识别系统的性能。提出的焦点通道知识蒸馏策略为解决多模态动作识别中的通道差异问题提供了有效的解决方案。该策略能够帮助学生网络更好地利用多模态教师网络的关键语义相关性和分布特点，从而提高了动作识别性能。

动作识别，即通过RGB和深度摄像机等传感器捕捉、解析和分类人类行为的过程，这在视频监控、自主导航和视频检索等领域的应用需求日益凸显[114]。在早期阶段，研究者们主要聚焦于单模态数据，如RGB图像[115]、骨架信息[116]

和深度数据[117]，来开展动作识别工作。然而，由于视频内容的语义丰富性和复杂性，仅依赖单一模态数据来提取全面且具有鲁棒性的视频特征显得尤为困难。

随着传感器技术的飞速发展，不同传感器所捕获的模态数据在外观、运动、几何形状、光照条件、环境噪声以及背景等方面展现出各自独特的优势和局限性。这进一步揭示了不同模态数据之间的互补性。例如，RGB 模态提供了丰富的外观信息，但在处理背景变化时可能受到干扰；而骨架模态则提供了对背景不敏感的结构信息，尽管缺乏外观细节[118]。

然而，如何有效利用这些多模态数据的互补优势来进行精确的动作识别仍然是一个重要的挑战。幸运的是，知识蒸馏技术的最新进展提供了一种潜在的解决方案。通过精练和迁移多模态教师网络中的关键信息和语义关系，将这些有价值的知识有效地传授给学生网络，从而显著提升动作识别的性能[119]。因此，深入研究并巧妙应用知识蒸馏技术，对于推动多模态动作识别技术的进一步发展和应用具有重要意义。

一、相关工作

（一）知识蒸馏

知识蒸馏作为一种关键技术，旨在将大型复杂模型中的知识有效地转移至更轻量级的模型，从而在减小模型大小的同时保留其卓越的性能。在这一过程中，管理学生模型训练时，知识转移的流动显得尤为重要，因为教师网络扮演着知识源的关键角色。具体而言，教师深度神经网络（DNN）模型的 logits 被定义为第一类知识，它们构成了知识转移的基础。Hinton 等人[120]开创性地采用温度系数将预测的对数输出软化为软目标，通过最小化学生和教师之间对数输出的 KL 散度，有效地传递了预测知识，从而显著提升了学生模型的性能。

除了预测知识外，为了学习更多基于特征的知识，一些研究工作深入探索了教师中间层的特征表示，将其作为第二类知识，并通过适当的策略将其转移到学生模型中。例如，FitNets 通过直接最小化特征映射之间的欧氏距离，实现了教师和学生特征激活的精确匹配[121]。而 AT 则提出通过最小化的教师和学生之间空间注意图的 L2 距离来传递特征注意知识[122]，从而使学生模型能够学习到更为精细的特征表示。

此外，近期的研究工作[123-125]还进一步探索了通道知识表示，并尝试将其有效地转移到学生模型。例如，HMAT[126]提出了一种新颖的分层多注意转移框架，该框架结合位置、通道和激活等多种注意力机制，在不同深度表示层次上实现知识的精确传递。同时，Shu 等人[123]提出了一种创新的通道知识蒸馏方法，该方法通过最小化学生和教师网络通道概率图之间的 KL 散度，使蒸馏过程更加聚焦于每个通道的显著区域，从而实现了更为精准的知识传递。

总之，知识蒸馏作为一种强大的技术，通过巧妙的管理知识转移过程，实现了从大型教师模型到轻量级学生模型的高效知识传递。这一过程不仅减小了模型大小，还保留了其出色的性能，为深度学习领域的发展注入了新的活力。

（二）多模态知识蒸馏

多模态知识蒸馏技术通过深入探索和融合不同模态间的互补信息，实现了跨模态的高效知识传递，进而显著提升了动作识别的性能。为了充分利用多模态数据的优势，Garcia 等人[127]精心构建了一种多模态知识蒸馏框架，通过精准地最小化特征图以及教师网络和学生网络预测分数之间的距离，成功地将深度教师网络中的丰富知识有效地转移至 RGB 学生网络，实现了知识的精准迁移和性能的跨越式提升。

Mars[128]则进一步拓宽了知识蒸馏的边界，探索了将光流网络的知识迁移到 RGB 学生网络的新途径。通过巧妙地最小化两个网络间的特征图的均方误差（MSE）损失，成功地将光流模态的独特信息融入 RGB 学生网络中，显著增强了其动作识别的准确性和鲁棒性。

Xu 等人[129]则提出了一种更为精细的知识蒸馏策略，通过同时最小化预测分数的 KL 散度和相应特征的 L1 损失，实现了 DensePose 教师和学生之间的精准知识对接。这种方法不仅保留了教师网络的卓越性能，还使学生网络在动作识别任务中展现出更加出色的表现。

DMCL[130]则提出了一种创新的蒸馏多项选择学习框架，该框架能够灵活地从 RGB、光流和深度模态中挑选出性能最优的模态作为其余模态网络的教师。通过这种策略，性能最佳的网络能够作为知识传授者，通过知识蒸馏有效指导其他较弱网络的学习，从而实现了整体性能的均衡提升。

此外，TSMF[131]提出了一种独特的知识蒸馏方案，成功地将骨架模态的结构知识从图卷积网络转移到 RGB 模态的基本 CNN 学生网络。这一创新性的方法充分发挥了 RGB 和骨架模态各自的优势，实现了两种不同神经网络之间的深度知识共享和性能互补。

最后，MMAct[132]建立了一个具有注意机制的多模态蒸馏模型，该模型能够自适应地将传感器模态的丰富知识精准地转移到视觉模态。这种自适应知识转移策略使得模型能够更好地利用不同模态间的互补性，实现了更加精确和高效的动作识别。

二、研究方法

本研究提出了一种针对多模态到 RGB 动作识别的焦点通道知识蒸馏方法。在此方法中，笔者以 RGB 模态作为学生网络的输入，而将其他 N 个模态作为教师网络的输入，形成了一种创新的离线蒸馏策略。具体来说，每个教师模型都是预先在训练集上完成训练的，而在训练 RGB 学生网络的过程中，教师网络的参数保持不变，不再进行优化。

在技术实现上，笔者采用了 3D CNN 作为骨干网络来提取时空特征。针对教师网络的 Layer4 特征，笔者进行了平均池化操作，以此生成通道注意力图。在这些通道注意力图中，权重较大的通道被定义为焦点通道，它们包含了动作识别中的关键语义信息。

为了评估这些焦点通道之间的相关性，本研究采用了内积运算作为衡量手段。高内积值表明通道之间的语义同源性，而低内积值则揭示了语义的多样性。通过最小化焦点通道相关矩阵的均方误差（mean squared error, MSE）距离，学生网络能够有效学习到关键语义之间的内在联系和多样性特征，从而提高动作识别的准确性。

然而，仅关注关键语义相关性是不充分的，通道分布的均衡性在动作识别中同样至关重要。为了将教师网络的关键语义分布知识高效地传递给学生网络，笔者进一步最小化了通道分布差异的 KL 散度的加权和。这一策略有助于学生网络更加聚焦于通道特征的显著区域，从而进一步提升识别性能。

此外，为了增强模型的泛化能力，本研究还通过最小化 $L_{k_l}^{k}$ 来转移预测分布。这一步骤确保了学生在学习关键语义和通道分布的同时，也能够学习到与教师网络相似的预测能力，使得模型在实际应用中具备更强的鲁棒性。综上所述，本研究所提出的方法在多模态到 RGB 动作识别领域具有显著的理论和实践价值。

（一）后门网络

在图 8.1 所示的网络架构中，笔者采用了 3D ResNeXt101 作为教师网络和学生网络的骨干网络，以实现对 RGB、光流、骨架和深度等多种模态时空特征的提取。3D CNN 的使用使我们能够从这些不同模态的数据中有效地提取出用于动作识别的关键特征。

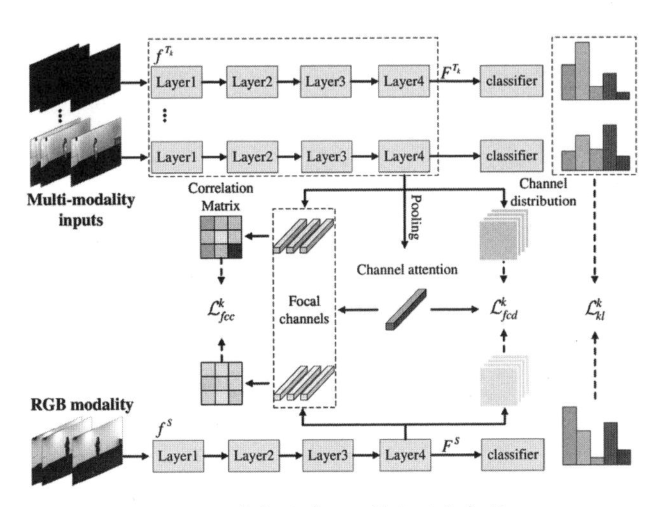

图 8.1　焦点通道知识蒸馏网络架构

在实验设置中，笔者将多模态动作识别数据集 D 划分为训练集 Dtrain 和测试集 Dtest。具体的，训练数据集 Dtrain 可以进一步形式化为一系列的样本对 $\{(X_0,X_1,\ldots,X_k,\ldots,X_N);y\}$，其中，$X_k$ 代表第 k 个模态的训练样本，且满足 $1\leqslant k\leqslant N$，N 表示数据集中包含的模态总数。每个样本对中的 y 表示相应训练样本的标签。为了进行后续的知识蒸馏过程，笔者分别定义学生网络和教师网络为 f^S 和 f^{T_k}。其中，f^S 代表学生网络，它将 RGB 模态作为输入，旨在学习动作识别任务；而 f^{T_k} 代表教师网络，它接收包括 RGB 在内的所有 N 个模态作为输入，用于提取更丰富的特征信息，并在知识蒸馏过程中向学生网络传授关键知识。教师和学生网络的特征图可以描述公式（8–1）和（8–2）为：

$$F^{T_K}=f^{T_K}\left(X_k\right),\ 1\leqslant k\leqslant N \tag{8–1}$$

$$F^S=f^S\left(X_0\right) \tag{8–2}$$

其中，$F^{T_k}\in\Re^{B\times C\times T\times H\times W}$ 表示第 k 个教师模态的第 4 层生成的特征图，$F^S\in\Re^{B\times C\times T\times H\times W}$ 表示 RGB 学生的特征图，B、C、T、H、W 分别表示输入视频样本的批量大小、通道数、时间维度的大小、特征图的高度和宽度。不同的输入模式 $X_1,\ldots,X_k,\ldots,X_N$ 被送入教师网络 $f^{T_1},\ldots,f^{T_K},\ldots,f^{T_N}$，而 X_0 被馈送到可训练的学生网络 f^S 中。

（二）焦点通道知识蒸馏方法

焦点通道知识蒸馏方法能够精准引导学生模仿教师模型中显著通道的语义相关性和分布，同时有效去除多种判别通道信息的干扰。通过时空池化技术生成教师通道注意图，精准识别焦点通道，为学生提供清晰的学习指导，其表示公式（8–3）如下：

$$F_{\text{att}}^{K}=\frac{1}{T\cdot H\cdot W}\cdot\sum_{t=1}^{T}\sum_{h=1}^{H}\cdot\sum_{W=1}^{W}F^{T_k} \tag{8–3}$$

其中，F^{T_K} 表示第 k 个模态的特征图。焦点特征位于 F_{att}^{K} 中权重较大的通道中，其中包含更多的判别信息，并为识别动作的整个时空特征贡献更多。将焦点通道比例设置为 1/2，这意味着选择权重较大的 50% 通道作为焦点通道。将焦点通道特征图展平为 2D 矩阵 $F_{\text{focal}} \in \Re^{B\times C\times T\times H\times W}$ ，其中，C_f 表示焦点通道数，B、T、H 和 W 分别表示批量大小、时间维度、特征图的高度和宽度。之后，焦点通道相关矩阵由内积计算，其公式（8–4）为：

$$\mathcal{A}\left(F_{\{\text{focal}\}}\right) = F_{\text{focal}} \cdot F_{\text{focal}}^{T} \tag{8–4}$$

其中，$\mathcal{A}\left(F_{\text{focal}}\right) \in \Re^{B\times C_f\times C_f}$ 表示焦点通道相关矩阵。相应的通道相关矩阵 $\mathcal{A}\left(F_{\text{focal}}^{T_K}\right)$ 和 $\mathcal{A}\left(F_{\text{focal}}^{S}\right)$ 都使用从教师模型获得的焦点通道的索引。使用两个焦点通道相关矩阵之间的 MSE 损失进行蒸馏，其公式（8–5）为：

$$L_{\text{fcc}}^{K} = \frac{1}{C_f^2}\sum_{c1=1}^{C_f}\sum_{c2=1}^{C_f}\left(\mathcal{A}\left(F_{\text{focal}}^{S}\right)\right) - \mathcal{A}\left(F_{\text{focal}}^{T_K}\right)^2 \tag{8–5}$$

其中，C_f 表示相关矩阵的维度大小，c_1 和 c_2 是相关矩阵高度和宽度的索引，L_{fcc}^{k} 表示第 k 个模态教师网络的焦点通道相关损失，$1 \leqslant k \leqslant N$。通过最小化学生和教师相关矩阵之间的 MSE 距离，RGB 学生可以从教师模态中学习焦点通道特征多样性。此外，在教师通道注意的指导下，最小化教师和学生网络之间所有通道概率分布之间的 KL 散度的加权和，从而将教师的焦点通道语义分布转移到 RGB 学生，激活学生的相应通道分布。为此，将特征 F 展平为 $F \in \Re^{\widehat{B\times C}\times THW}$，并将 $\hat{F}$ 的每个通道特征转换为通道概率分布图，如公式（8–6）所示：

$$Q_{c,i} = \frac{\exp\left(\hat{F}_{c,i} / T\right)}{\sum_{j=1}^{T\cdot H\cdot W}\exp\left(\hat{F}_{c,j} / T\right)} \tag{8–6}$$

其中，c 表示通道的索引，i 和 j 表示通道中时空位置的索引，$\mathcal{T}$ 是可用于调整概率分布的温度超参数。使用教师的通道注意力来执行教师和学生网络通道概率分布之间的 KL 散度的加权和。具体来说，将 F_{att}^{k} 中的通道权重转换为通道概率分数，如公式（8–7）所示：

$$A_{c}^{k}=\frac{\exp\left(F_{\mathrm{att},c}^{k}\right)}{\sum_{v=1}^{C}\exp\left(F_{\mathrm{att},v}^{k}\right)} \tag{8–7}$$

其中，c 和 v 表示通道的索引，F_{att}^{k} 表示第 k 个教师通道注意图的第 c 个通道权重，A_{c}^{k} 表示第 k 个教师注意图中第 c 个通道的概率得分，为模拟教师在知识蒸馏过程中的焦点通道分布提供指导。教师和学生网络通道概率分布之间的 KL 散度的加权和式（8–8）可以表示为：

$$L_{\mathrm{fcd}}^{k}=\frac{\mathcal{T}^{2}}{C}\sum_{c=1}^{C}\sum_{i=1}^{THW}A_{c}^{k}\cdot Q_{c,i}^{T_{k}}\cdot\log\frac{Q_{c,i}^{T_{k}}}{Q_{c,i}^{S}} \tag{8–8}$$

其中，L_{fcd}^{k} 表示第 k 个模态教师网络的焦点通道分布损失，$\mathcal{T}$ 是温度超参数。$Q_{S}^{c,i}$ 和 $Q_{c,i}^{T_{k}}$，i 表示学生和第 k 个模态教师的通道概率分布。惩罚 L_{fcd}^{k} 迫使学生从老师那里学习焦点通道分布的知识。

（三） 总体损失

在本小节中，笔者描述了训练多模态动作识别模型的整体损失函数。优化交叉熵损失 $L_{\mathrm{ce}}^{T_{k}}$ 以独立训练教师模型。然后，通过将交叉熵损失 L_{ce}^{S} 与所有教师网络的焦点通道相关损失 L_{kcc}^{k} 、焦点通道分布损失 L_{fcd}^{k} 和预测分布损失 L_{kl}^{k} 线性组合来训练学生网络。具体来说，L_{kl}^{k} 用于最小化学生和第 k 个模态教师网络预测分数之间的 KL 散度，描述式（8–9）和（8–10）如下：

$$P_{m}=\frac{\exp\left(z_{m}/T\right)}{\sum_{n=1}^{d}\exp\left(z_{n}/T\right)} \tag{8–9}$$

$$L_{\mathrm{k1}}^{k}=\sum_{n=1}^{d}P_{m}^{T_{k}}\log\frac{P_{m}^{T_{k}}}{P_{m}^{S}} \tag{8–10}$$

其中，z 是 softmax 层之前的预测分数，m 和 n 表示类别的索引，d 是类别的数量，T 是温度超参数，P^{T_k} 和 P^S 是第 k 个模态教师和学生的预测概率分布。整体损失函数表示式（8–11）为：

$$L = L_{\mathrm{ce}}^{S} + \sum_{k=1}^{N}\left(\lambda_{\mathrm{fcc}}^{k} L_{\mathrm{fcc}}^{k} + \lambda_{\mathrm{fcd}}^{k} L_{\mathrm{fcd}}^{k} + \lambda_{\mathrm{kl}}^{k} L_{\mathrm{k1}}^{k}\right) \tag{8-11}$$

其中，L_{ce}^{S} 是学生网络的交叉熵损失，$\lambda_{\mathrm{fcc}}^{k}$、$\lambda_{\mathrm{fcd}}^{k}$ 和 $\lambda_{\mathrm{kl}}^{k}$ 是调整和控制第 k 个模态教师网络和学生网络之间损失的贡献的权重系数。这些权重系数在实验部分专门用于平衡每个损失函数的值。

三、实验

本研究在多模态数据集 NTU 60、UTD–MHAD、Northwestern–UCLA Multiview Action 3D（N–UCLA）[133]，以及单模态数据集 HMDB51[134]上进行了广泛的实验。实验的目的是验证所提出的方法在不同数据集上的有效性和泛化能力。

在训练阶段，笔者采用了多模态输入策略，其中，光流、骨架和深度模态作为教师网络的输入，而 RGB 模态则作为学生网络的输入。为了确保教师网络能够提供高质量的知识，每个教师模型都在相应的训练集上进行了预训练。在随后的 RGB 学生网络训练过程中，笔者保持了教师网络的参数固定，不需要进行进一步的参数优化。具体的，实验中的训练输入采用了裁剪为 112×112 像素的 64 帧视频剪辑。优化算法选择了带有动量 0.9 的 minibatch SGD，权重衰减设置为 0.0005。整个训练过程包括 50 个 epoch，初始学习率为 0.005，每个 batch 的大小为 16。为了提高模型的收敛性和性能，笔者在 20、30 和 40 个 epoch 后，将学习率降低了 1/10。

在模型微调方面，对于 NTU 60 和 HMDB51 数据集，笔者使用了在 Kinetics400 数据集上预训练的模型作为起点进行微调。而对于 UTD–MHAD 和 N–UCLA 数据集，笔者则是基于在 NTU 60 上训练的模型进行微调。特别的，对于 HMDB51 数据集，仅微调了模型的 Layer4 和最后一个全连接层，以保留在

Kinetics400上学习到的通用特征。相比之下，对于NTU 60、UTD-MHAD和N-UCLA数据集，笔者微调了3D ResNeXt101架构中的所有层，以更好地适应特定数据集的特征。

在测试阶段，为了评估模型的性能，笔者仅使用RGB模态数据作为输入，输入到经过训练的学生网络中。这种测试设置符合实际应用场景，其中RGB数据是最常见和最容易获取的模态。通过这种方式，我们能够评估模型在仅使用RGB信息的情况下，对动作识别任务的执行能力。

为了控制知识蒸馏过程中不同损失部分之间的平衡，笔者引入了超参数λ_{fcc}、λ_{fcd}^{k}和λ_{kl}^{k}，分别用于调节焦点通道相关损失L_{fcc}、焦点通道分布损失L_{fcd}和预测分数损失L_{k1}。温度系数T在实验中被设置为2，以调节蒸馏过程中的软标签的平滑程度。其他实验设置，包括网络架构和训练细节，均与文献[15]中描述的骨干网保持一致。通过这些设置，笔者旨在实现一个高效且泛化能力强的动作识别模型。

四、结论

本研究提出了一种新颖的焦点通道知识蒸馏方法，旨在提高多模态动作识别任务的性能。该方法的核心贡献在于，它有效地将教师网络中关键通道的语义相关性和分布信息转移到RGB学生网络中。通过深入进行不同模态间的消融研究，笔者发现具有相似语义的模态能够实现更为高效的知识传递，这一发现不仅揭示了多模态数据间的内在联系，而且为优化知识蒸馏策略提供了关键的理论依据。

进一步的，本研究通过特征可视化分析，验证了焦点通道知识蒸馏策略的有效性。该策略能够充分利用通道的容量，学习到互补的语义特征，并激活更多的通道以形成综合的特征表示。这不仅增强了RGB学生网络的特征提取能力，而且在动作识别任务中显著提升了其性能表现。

总之，本章所提出的焦点通道知识蒸馏方法为多模态动作识别领域的研究提供了新的视角。通过深入挖掘和利用不同模态间的互补信息和语义相关性，该方法实现了高效的知识转移，并显著提升了模型的性能。这一研究成果不仅丰富了多模态知识蒸馏的理论框架，而且为后续的研究工作提供了宝贵的经验和启示。

/ 本章小结 /

本章专注于多模态动作识别技术，特别是如何通过知识蒸馏方法提升 RGB 学生网络在动作识别任务中的性能。本章首先介绍了多模态动作识别的背景和挑战，指出单一模态数据（如 RGB 图像、骨架信息、深度数据等）难以全面捕捉视频内容的复杂性和多样性。为了克服这一局限性，研究人员开始探索利用多模态数据的优势，结合不同传感器提供的互补信息来提高动作识别的准确性和鲁棒性。

本章的核心贡献在于提出了一种名为“焦点通道知识蒸馏”的方法，旨在将多模态教师网络中的关键语义关联和分布特性高效地转移到 RGB 学生网络中。具体来说，该方法采用了 3D CNN 作为骨干网络，用于提取时空特征，并通过平均池化操作生成通道注意力图，从而识别出包含关键语义信息的焦点通道。这些焦点通道被定义为权重较大的通道，它们对动作识别至关重要。为了评估焦点通道之间的相关性，研究采用内积运算作为衡量手段，并通过最小化焦点通道相关矩阵的均方误差（MSE）距离，使学生网络能够学习到关键语义之间的内在联系和多样性特征。

此外，为了进一步优化模型性能，研究还引入了焦点通道分布损失，通过最小化通道分布差异的 KL 散度的加权和，将教师网络的关键语义分布知识传递给学生网络。这种策略不仅帮助学生网络更聚焦于显著区域，还能增强其泛化能力。实验结果显示，经过知识蒸馏后的 RGB 学生网络在多个基准数据集上（如 NTU 60、UTD-MHAD、N-UCLA）表现出显著的性能提升，验证了所提方法的有效性。

本章还讨论了模型微调策略，针对不同的数据集（如 NTU 60、

HMDB51 等），分别采用了预训练模型作为起点进行微调，以适应特定数据集的特征。特别的，对于 HMDB51 数据集，仅微调了模型的 Layer4 和最后一个全连接层，以保留在 Kinetics400 上学习到的通用特征；而对于其他数据集，则微调了所有层以更好地适应其特性。

第九章　多模态情绪识别方法

在人类的交流过程中，情感表达是一个复杂而多维的现象，涵盖了说话的声音、面部表情、肢体动作以及文字等多个方面。情感不仅在人际交流中扮演着至关重要的角色，而且在人机交互领域，情感识别技术也成了核心技术之一。多模态情绪识别技术，作为一种能够从不同感官通道获取和处理情绪信息的方法，已经在人机交互、社交机器人等多个领域得到了广泛应用。

在现有的多模态情绪识别研究中，尽管研究者们尝试了利用更多样化和复杂的数据模态，但是语音和面部表情仍然被认为是人类情感表达中最直接和最重要的两种外在形式。这两种模态能够有效地传达人类的情绪状态，因此，大量研究集中在基于音频和人脸图像的情绪识别上。本章聚焦于基于音频和视频的多模态情绪识别方法，旨在深入探讨这两种模态在情绪识别中的应用。

在情绪识别的早期研究中，研究者们通常采用单一模态的数据，分别对音频和视频数据进行处理以识别情绪状态。基于音频的情绪识别方法主要依赖从语音信号中提取的声学特征和频谱特征，而基于视频的情绪识别方法则通常依赖手工筛选的视觉特征。随着多模态机器学习技术的进步，研究者们开始探索融合音频和视频数据的方法，提出了多种多模态融合策略，这些策略显著提升了情绪识别的性能[135]。

本章旨在探索更有效的音频和视频模态融合策略，以提高两种模态之间的跨模态交互能力，并充分利用不同模态特征的互补性。为此，笔者提出了一种基于交互注意力机制的跨模态融合方法。具体来说，首先构建一个音视频特征提取网络，然后将提取的音频和视频特征分别输入到跨模态融合块中。通过交互注意力机制，计算音频和视频模态之间的交互注意权重。接着，将计算得到的音视频融合特征与原始特征进行结合，确保融合特征的互补性和完备性。最终，在 RAVDESS 数据集上验证了所提出方法的有效性，并展示了在仅音频、仅视频以及音视频融合三种不同任务设置下的情绪识别结果。这一研究不仅为多模态情绪识别提供了新的视角，也为人机交互领域的发展贡献了新的技术和方法。

一、问题描述

多模态情绪识别因其高识别精度和强鲁棒性而备受关注。然而，在实施跨模态融合的过程中，现有方法未能充分挖掘不同模态间的互补性，这可能导致原始语义信息在特征融合过程中丢失。注意力机制作为一种能够有效提取不同模态相关特征的技术，已在计算机视觉、自然语言处理等领域得到了广泛的研究和应用，并在动作识别、情绪识别等多种任务中展现出其优势。

当前，基于注意力机制的多模态情绪识别方法主要集中于探索单一模态内的特征关系。虽然一些研究尝试采用基于 Transformer 的自注意力机制来提取不同模态间的特征关系，但这些方法未能有效利用音频和视频模态间的互补性，且在计算注意力权重时并未充分考虑音频和视频特征之间的相关性[136]。此外，有研究员提出了将空间注意力、通道注意力和时间注意力整合到视觉网络，以及将时间注意力整合到音频网络的端到端情绪分类架构，通过探索视频序列时间窗口来有效利用音频和视频模态之间的时间相互作用。他们使用基于 Transformer 的编码器，通过自注意力机制获取注意权重，进行情绪分类。

在最近的研究成果中，有研究者利用卷积 LSTM 模块提出了视觉模态的时空注意力，将注意力集中在情绪突出部分，并利用深度网络提出了基于音频模态的时间注意力网络[137]。随后，将这些特征进行拼接并输入回归网络，用于情绪预测。尽管这些方法在一定程度上强化了模态内的特征关系，但它们未能充分利用音频和视频模态的互补性质。

在实际应用中，最终决策往往需要结合两种模态特征及其融合特征，这些互补信息确保了融合模块加入后性能的提升[138]。针对上述问题，本章提出了一种基于交互注意力机制的跨模态视听融合网络，旨在实现多模态情绪识别任务。该网络设计考虑了音频和视频模态之间的相互作用和互补性，通过交互注意力机制来增强跨模态特征融合的效果，从而提高多模态情绪识别的性能。

二、音视频多模态情绪识别方法

在多模态情绪识别的研究中，音频和视频数据的融合是一个关键步骤，其流程通常如图 9.1 所示。首先，对数据集中的语音信号和视频序列进行必要的预处理，包括分帧、面部表情定位、目标图像裁剪等，以确保后续处理的准确性和效率。随后，采用专门设计的特征提取网络分别从音频和视频数据中提取特征。这些特征在网络融合层进行整合，以生成更高层次的音视频融合特征表示。最终，这些融合特征被送入分类器，以得出情绪预测的结果。

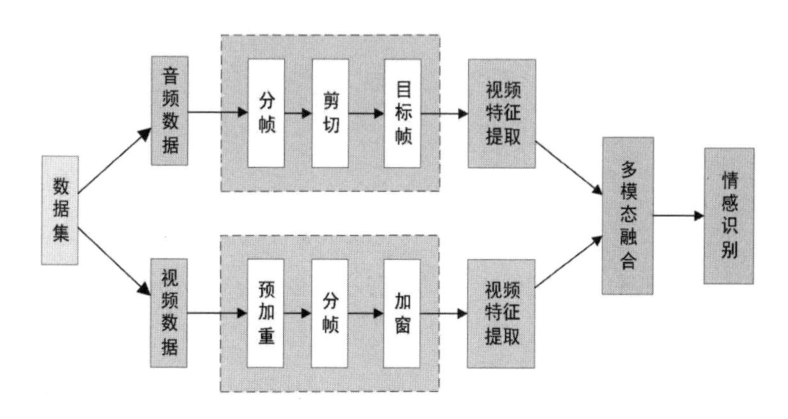

图 9.1　多模态情感识别流程图

在多模态情绪识别中，融合策略的有效性直接影响到识别结果的准确性。

如图 9.2 所示，本研究设计了一个基于交互注意力机制的跨模态融合网络，该网络包含五个主要部分：音视频数据预处理、音视频特征提取、音视频特征跨模态交互、音视频特征融合以及情绪识别。在这个框架中，音频和视频模态的特征提取分别由独立的音频特征提取网络和视频特征提取网络同时进行，这两个网络在通道上互不干扰，既能够独立完成单模态情绪识别任务，也能够联合执行多模态融合的情绪识别任务。

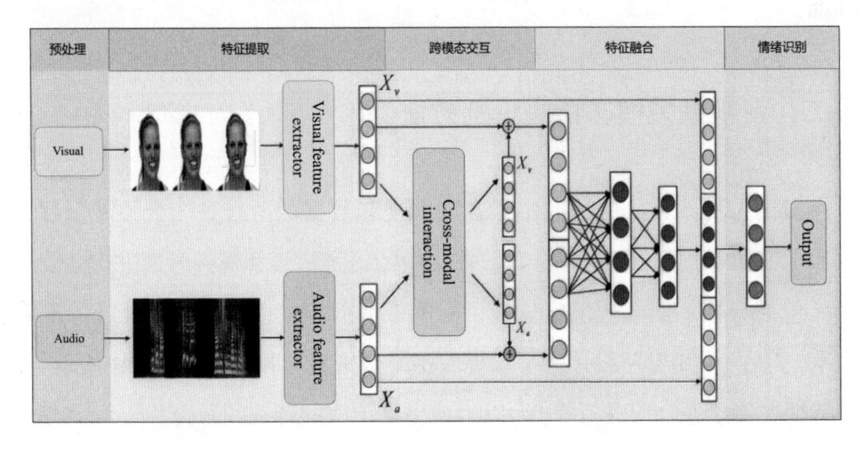

图 9.2　音视频多模态情绪识别网络

具体来说，视频特征通过 3D CNN（三维卷积神经网络）提取，而音频特征则通过 1D CNN（一维卷积神经网络）提取。这两种特征随后通过跨模态融合块进行处理，以获得模态间和模态内的融合特征。在跨模态融合块中，交互注意力机制被用于计算音频和视频特征之间的相关性权重，从而增强模态间的交互作用。最后，通过特征融合网络，将跨模态融合块输出的音视频融合特征表示与原始特征表示进行拼接，形成最终的融合特征表示，该表示用于预测情绪状态。这种方法不仅考虑了单个模态内的特征关系，还充分利用了音频和视频模态之间的互补性，从而提高了情绪识别的准确性和鲁棒性。

（一）音频特征提取

在语音特征提取领域，Mel 频率倒谱系数（MFCC）是一种广泛使用的初始特征提取方法。MFCC 的提取原理基于声音的频谱，该频谱反映了声音频率与能量之间的关系。在频谱中，峰值携带着声音的辨别信息，而倒谱分析能够揭示这些峰值及其变化过程。在具体的操作中，提取 MFCC 特征时，通常设置窗口大小为 20ms，移动步长为 10ms，输出维数为 25。虽然 MFCC 特征富含语音识别信息，但它们不足以表达更高级的语义特征，因此不适合直接与人脸特征进行融合。

鉴于 MFCC 特征的这一局限性，本研究在其基础上进一步采用卷积神经网络（CNN）来提取更高级的语义特征。本节设计了一个基于 CNN 的音频特征提取器，旨在从预处理后的音频模态特征中提取更深层次的语义信息。这些预处理后的音频模态特征，记为 X_A，作为音频特征提取器的输入。在特征提取过程中，首先通过卷积操作来捕获相邻音频元素之间的局部特征。随后，利用最大池化（max-pooling）技术进行下采样，以去除冗余信息，同时保留特征的重要特性。其表达式（9-1）和（9-2）如下：

$$\hat{X}_A = Conv1D\left(X_A, k_A\right) \tag{9-1}$$

$$\hat{X}_A = Dropout\left(BN\left(MaxPool\left(\hat{X}_A\right)\right)\right) \tag{9-2}$$

其中，k_A 是音频模态的卷积核的大小，$\hat{X}_A$ 表示学习到的语义特征。接下来再将学习到的特征输入一维时间卷积，以获取音频的高阶语义特征，其表达式（9-3）如下：

$$\hat{X}_A = BN\left(ReLU\left(conv1D\left(\hat{X}_A, k_A\right)\right)\right) \tag{9-3}$$

（二）视频特征提取

视频数据的特点在于其同时依赖空间和时间维度，而传统的二维卷积网络（2D CNN）在处理视频数据时存在一定的局限性。在 2D CNN 中，卷积和池化操作仅作用于二维的静态图像，忽略了视频数据中的时间连续性。与此相对，三维卷积网络（3D CNN）通过引入 3D 卷积和 3D 池化操作，增加了时间维度，从而更适合于学习视频数据中的时空特征，并能有效地整合时间信息。在卷积运算的过程中，2D CNN 在处理图像序列时会丢失时间维度上的信息，而 3D CNN 则能够保留输入序列的时间特征，因此，在学习视频数据时能够获得更优的结果。为了有效地学习视频中的面部表情和动作，需要一个能够处理三维数据的网络结构，即具有 3D 卷积核的网络。

鉴于此，本研究选择 3D ResNeXt 网络来提取视频模态的时空结构特征。3D ResNeXt 网络不仅能够捕捉视频帧在空间维度上的特征，还能够考虑到时间维度上的变化，从而更全面地理解视频数据中的动态行为。本节使用预处理的视频模态特征作为输入，表示为 $X_V=\left(V_1,V_2,\ldots,V_n\right)$，其公式（9–4）为：

$$\hat{X}_V = conv3D\left(X_V\right) \in R^{C\times L\times H\times W} \qquad (9\text{–}4)$$

其中，$\hat{X}_A$ 表示学习的视觉语义特征，图像序列通常表示为 $C\times L\times H\times W$，其中，$C$ 为通道数，L 为序列长度，H 和 W 分别为图像帧的高度和宽度。在获得高阶语义特征后，将它们输入跨模态块并融合音频特征表示。最终获得的融合表示不仅包含视频模态的高阶语义特征，还包含两种模态的交互特征。

（三）跨模态交互注意力模块

视觉模态具有丰富的面部表情信息，而音频模态携带着与面部表情特征相对应的特征信息。前面通过音频特征提取模块和视频特征提取模块分别获得了音频和视频模态的高阶特征表示 $\hat{X}_A=\left(x_a^l\right)_{l=1}^L$，$\hat{X}_A=\left(x_v^l\right)_{l=1}^L$，$L$ 表示视频序列 X 的子序列数，x_a^l 和 x_v^l 分别表示视频序列 X 的第 l 个子序列的音频和视频特征向量。

为了更好地获取音视频模态的交互特征，提取音视频特征联合表示，本节构建了一个跨模态交互注意力模块，用于提取音频和视频模态间的交互特征。分别从给定的视频序列中计算子序列音频和视频特征的互相关权重，用以获取音视频模态的相关性。通过一个可学习的权值矩阵 W ，计算 A 和 V 特征互相关性公式（9–5）为：

$$Z=\hat{X}_A^T W \hat{X}_V \tag{9–5}$$

其中，$Z\in R^{L\times L}$ 、$W\in R^{K\times K}$ 表示音频、视频特征之间的交互权重，K 表示音频、视频特征的特征维数。互相关矩阵 Z 给出了音频和视频特征之间相关性的度量，矩阵 Z 中相关系数越大，表明对应的音频和视频序列特征之间的相关性就越高。这里的权重 W 是基于音频和视频特征的互相关性学习得到的，每一种模态的注意权重都是基于另一模态进行交互学习，可以有效地利用不同模态间的互补性。

（四）实验及结果分析

本节将重点介绍用于实验验证的 RAVDESS 数据集及其相关参数设置。在实验中，笔者设定了一系列参数来评估所提出的方法的有效性和性能，最后对实验结果进行了详细的报告与分析。在这一部分，笔者不仅提供了实验结果的详细数据和图表，还对其进行了深入的解读和讨论。通过与其他几种先进的多模态视听情绪识别方法进行对比，笔者进一步验证了所提出方法在性能上的优势和潜力。

1. 数据预处理

（1）数据集介绍

RAVDESS 是一个具有性别均衡特点的多模态情绪识别数据集，它包含 24 名演员（12 名男性，12 名女性）的 1440 个视频和 7356 份录音，采样率为 48000 Hz。每个演员都提供了三种不同格式的数据：音频—视频（包括脸部和声音）、仅视频（仅面部表情，无声音）和仅音频（仅声音，无面部表情）。这些视频和音频记录的质量都非常高，为研究提供了高质量的输入数据。

数据集中包含了中性、快乐、悲伤、愤怒、恐惧、厌恶和惊讶七种情绪状态。除了中性情绪外，所有情绪状态都在正常和强烈两个情绪强度上发声，为研究者提供了丰富的情绪表达样本。

为了进行实验验证，笔者将 RAVDESS 数据集中的 24 名演员按照 5:1 的比例分为训练组和测试组。在每组数据中，男女演员的性别比例保持均衡，演员的性别由演员 ID 的奇数或偶数来表示，以确保实验的性别均衡性。

（2）数据处理

在多模态情感识别任务中，多模态数据处理是实现特征提取的关键步骤。特征的有效性直接影响着情感特征的准确反映，进而对模型的识别结果产生重要影响。为了确保模型的性能，多模态特征提取的准确性显得尤为关键。

基于视频模态的情感识别任务主要依赖视频帧中的面部表情信息。为了从视频中提取有效的特征，首先从每个视频中提取 20 张连续的视频帧。接着，对每张图像进行面部关键点检测，计算出中心点，并据此重新裁剪面部区域，调整图像尺寸为 224 × 224。这样的尺寸调整有助于减少图像中其他区域的冗余信息，从而减少对提取的面部表情特征的干扰。此外，为了进一步增强数据集的多样性，采用水平翻转和归一化方法对数据进行增强处理。

对于音频模态数据，由于音频信号的前部分可能包含静默或噪声，因此在处理音频数据时，首先需要对音频进行前期修剪处理，以去除静默或噪声部分。修剪后的音频数据被保存到特定的文件夹中。然后，从修剪后的音频数据中提取梅尔频率倒谱系数特征。MFCC 特征能够有效捕捉音频信号中的频率变化和能量分布，从而反映声音中的情感信息。

2. 实验设置及评价标准

（1）实验设置

在音视频融合网络的设计中，采用双曲切线函数（hyperbolic tangent function）来激活交互注意模块。在特征维度方面，为了确保音视频模态特征的有效融合，提取的音视频模态特征的维度被设置为 1024。在交互注意模块的实现中，采用 Xavier 方法初始化交互注意矩阵的初始权值，并使用随机梯度下降（SGD）算法进行权值更新，设置动量为 0.9。初始学习率被设定为 0.001，批次大小固定为 16。此外，在音视频特征融合的过程中，应用了 0.5 的 dropout 率以防止过拟合现象。在实验中，网络模型的权重衰减设置为0.0001，以进一步优化模型的泛化能力和稳定性。

（2）实验评价标准

在本节实验中，使用混淆矩阵来评估不同情绪的识别准确率。首先对*TP*、*TN*、*FP*和*FN*进行定义，如表9.1所示。*TP*表示真实值是*P*，模型预测结果也是*P*的次数；*FP*表示真实值是*N*，而预测结果是*P*的次数；*TN*表示真实值是*N*，预测结果也是*N*的次数；*FN*表示真实值是*P*，而模型预测结果是*N*的次数。

模型的准确率定义式（9–6）为：

$$Accuracy = \frac{TP + TN}{TP + FP + TN + FN} \tag{9–6}$$

表9.1　混淆矩阵分类

Confusion Matrix		Predicted results	
		Positive	Negative
Ground truth	Positive	*TP*	*TN*
	Negative	*FP*	*FN*

3. 实验结果与分析

（1）单模态与多模态情绪识别对比分析

图9.3所示为单模态与多模态情绪识别对比，图中分别列出基于面部表情特征的单模态情绪识别、基于音频特征的单模态情绪识别和基于音视频交互特征的多模态情绪识别对比结果，并分别给出了不同模态情绪识别结果的平均值。

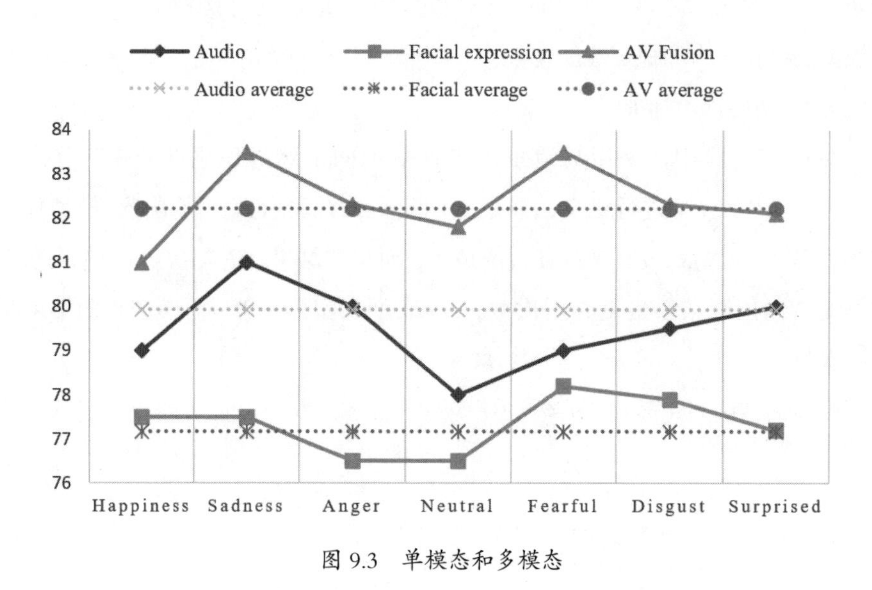

图 9.3　单模态和多模态

根据图 9.3 所示，语音情绪识别结果比视觉情绪识别结果的平均准确率要高 2.76%。多模态特征融合的情绪识别准确率高于单模态情绪识别准确率，相较于语音情绪识别和面部表情情绪识别分别提高了 2.28% 和 5.04%。通过学习语音特征和面部表情特征，将二者结合起来得到融合特征进行情绪识别，可以提高识别效果，这表明音视频多模态交互模型对情绪识别是有效的。

（2）消融实验

本节进一步探讨了音视频跨模态块对该方法的作用。表 9.2 显示了基于交互注意力机制的多模态视听情绪识别方法在 RAVDESS 数据集上的消融实验。在跨模态块中，交互注意力机制和残差结构对模型性能起着重要作用。将交互注意力机制和残差结构分离，可以看出交互注意力机制对最终结果的影响超过 2%。这表明我们获得的音视频融合特征，可以通过注意力机制进行特征选择，使其高效且自适应于跨模态交互。

表 9.2　RAVDESS 数据集上的消融实验数据

Model	*Accuracy*
Baeslines	73.76
Only Audio Model	79.93
Only Video Model	77.17
Audio+Video Model	81.85
+Residual	82.21

同时，我们还看到残差结构对最终识别结果的影响，这表明残差结构的加入有助于确保在交互过程中降低特征冗余，将特征的损失降到最低。此外，还可以观察到，即使不使用残差结构，也可以实现较高的识别准确率，这进一步证明了音视频跨模态块对于特征交互的有效性。

/ 本章小结 /

在多模态特征融合识别任务中，特别是基于视觉和语音的融合，关键在于人脸和语音信息的有效结合[139]。为了更好地融合音视频模态，并提取出具有高辨识度的音视频融合特征，本章提出了一种基于交互注意机制的音视频多模态融合方法。该方法通过交互注意力机制计算音视频模态之间的交互注意权重，这些权重反映了不同模态特征之间的关联性。随后，利用残差结构将计算得到的融合特征与原始特征进行融合，确保融合特征的有效互补和完备性。

本章详细介绍了该方法的架构，包括音视频多模态交互注意力机制、音视频特征编码器，以及残差网络等关键组件。这些组件的设计旨在充分利用不同模态的特征，并确保融合特征能够准确地反映情感状态。

最后，在RAVDESS数据集上验证了该方法的有效性，并与当前主流的多模态情绪识别方法进行了对比。实验结果表明，基于人脸和语音相融合的多模态情绪识别方法，相较于单一模态的情绪识别方法，在识别精度和鲁棒性方面都有显著提升。这一发现不仅验证了所提出方法的有效性，也为多模态情绪识别领域的研究提供了新的思路和方法。

第十章　多模态多标签情感识别方法

多模态多标签情感识别（MMER）是情感计算领域面临的一项重要挑战，它要求系统能够同时识别多种情感标签，并且能够处理多种模态的数据，如文本、语音、面部表情等。为了有效解决这一挑战，本章介绍了一种名为 ML-MER 的定制多模态学习框架。该框架的核心目标是通过细化多模态表示和提升每个标签的区分能力，从而提取出更加丰富的语义信息特征。

ML-MER 框架引入了一个对抗性多模态细化模块，该模块通过对抗训练的方式，实现了共有模态和私有模态的精练。共有模态是指在所有样本中都存在的模态，如面部表情；而私有模态则是指在特定样本中独有的模态，如特定场合下的语言表达。通过对抗性训练，ML-MER 能够更准确地识别和区分这些模态，从而提高情感识别的准确性。

实验结果基于 CMU-MOSEI 数据集进行验证，该数据集包含了多种模态和情感标签。实验结果表明，ML-MER 在情感识别任务中表现出色，特别是在多模态多标签情感识别的挑战下。在对齐情况下，ML-MER 能够更有效地整合不同模态的信息，从而提高情感识别的性能。

研究结果强调了 ML-MER 在多模态多标签情感识别方面的优越性，为多模态情感分析领域的研究提供了新的视角和方法。ML-MER 框架的成功应用不仅为情感计算领域带来了新的挑战，也为未来的多模态情感分析研究提供了宝贵的经验和启示。

一、多模态情感分析介绍

情感分析，又名意见挖掘，旨在揭示或挖掘出针对特定主题、人物或实体的个体观点或情绪[140]。情感分析已成为自然语言处理中最活跃的研究领域之一，在数据挖掘、Web挖掘和文本挖掘中得到了广泛的研究[141]。情感分析主要关注表达或暗示积极或消极情绪的意见。例如，“小贾对这家餐厅的装修感到惊叹”。在这个例子中，小贾是意见的持有者，餐厅的装修是实体，他对这个方面的情绪是积极的。情感分析的基本任务是根据积极、消极或中性的极性对输入文本（例如，从评论或社交帖子中获取）进行极性分类，这种分析可以在文档、句子或特征级别执行[142]。情感分析是一门研究人类情感和态度的重要领域，对于社交媒体分析、市场营销和人机交互等应用具有重要意义。在过去几年，人们习惯用文本数据来表达想法，因此传统的情感分析方法主要依赖文本数据，仅使用文本数据有时会正确预测情感。近几年，随着多模态数据的不断涌现，利用多模态信息进行情感分析已成为关注的焦点[143]。多模态情感分析指从多个模态（如文本、图像和音频）中融合信息以更全面地了解和解释人类情感，通过整合不同模态的信息，多模态情感分析能够提供比单一模态更综合和精确的情感分析结果。这种方法在情感识别、情感分类和情感生成等任务中展现出色的性能，在学术界备受关注[144]。研究者们通过结合文本、图像和音频等多种数据源，探索如何有效地融合这些信息以提高情感分析的准确性和效果，多模态情感分析的发展为情感分析领域带来了新的研究方向和挑战，推动了该领域的进步和创新。

随着多模态数据处理技术的不断发展，研究者们开始探索如何有效地利用文本、图像和音频等多种数据模态来进行情感识别和分析。针对这一挑战，Tripathi等人[145]提出了一种基于IEMOCAP数据集的多模态情绪识别方法，该方法集成了各种数据模态以实现改进的情绪检测。通过综合利用文本、图像和音频等多模态信息，他们取得了显著的研究成果。此外，Akhtar等人[146]引入了一个深度多任务学习框架，同时用于情绪分析，展示了一种上下文跨模态注意力机制，用于预测情绪和表达情绪，这种方法在提高情感识别准确性和鲁棒性方面具有显著效果。Dutta 等人[147]提出了一种分层交叉注意模型（hierarchical cross attention model, HCAM），用于多模态情绪识别，该模型在现有基准上取得了显著的优势，突出了该领域的重大进展。此外，Wu 等人[148]专注情感语音中的情感识别，利用声学韵律信息和语义标签，采用多个分类器显著提高了识别精度。Zhang 等人[149]提出了一种异构分层消息传递网络，用于多模态多标签情感识别（multimodal multi-label emotion recognition，MMER），并主张建立新的数据集以展示该模型的泛化能力。这些研究共同强调了多模态和多标签情感识别的重要性，为提高情绪检测系统的质量和效率提供了新的途径。

然而，多模态情感分析方法存在一些局限性，主要体现在现有研究大多数将多模态数据视为同质的处理方式。传统方法往往将不同模态的数据映射到一个共同的表示空间中，忽视了每个模态的独特性以及每个情感标签所蕴含的丰富语义信息[150]。这种处理方式可能导致信息丢失和模型性能下降的问题，从而限制了多模态情感分析的准确性和效果。因此，仅依靠多标签学习方法在情感识别任务中仍存在一些限制和不足。传统的多标签学习方法主要专注于将多模态表示投影到共同的潜在空间，并学习一个通用的表示用于所有标签[151]。因此，现有方法往往忽视了不同模态之间的多样性以及标签之间的依赖关系。

为了解决 MMER 任务中的多模态表示一致性和标签区分能力不足的问题，本章提出了一种名为 ML-MER（multi-modal learning for multi-label emotion recognition）的方法，旨在优化多模态表示并提升每个情感标签的区分能力。具体来说，笔者设计了一个对抗性多模态精练模块，以充分挖掘不同模态之间的共性和多样性；同时，引入了 BERT[152]作为跨模态编码器，逐步融合私有模态和公共模态表示，以及标签引导解码器，自适应地生成每个情感标签的定制化表示，图 10.1 说明了以前的方法和笔者提出的方法之间的区别。

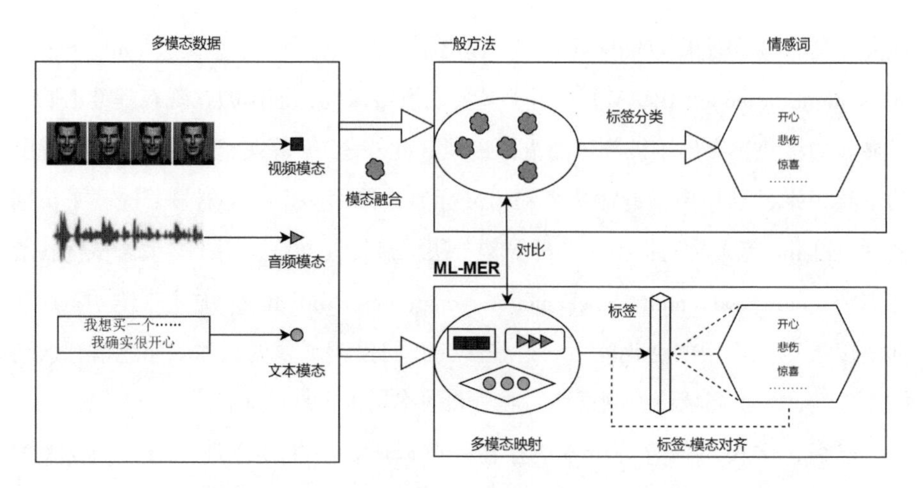

图 10.1　多模态映射与对齐方法与一般方法的对比

在本研究中，笔者对一个广泛使用的多模态情感识别数据集 CMU-MOSEI 进行了实验评估，涵盖了情感对齐和不对齐两种情况。实验结果表明，所提出的 ML-MER 模型在多模态多标签情感识别（MMER）任务上明显优于现有的方法。

本章的主要贡献在于提出了一种新颖的多模态情感分析方法。该方法通过综合利用多模态数据的共同性和个体性，以及标签信息的指导，从不同的角度融合和精练多模态表示。这种方法能够有效地捕捉和整合不同模态之间的内在联系和差异，从而提高情感识别的准确性和鲁棒性。

未来，可以进一步探索 ML-MER 方法在其他领域和数据集上的应用，以验证其泛化能力。此外，还可以通过进一步的研究来提高多模态情感分析的性能和可解释性，使其在实际应用中更加可靠和易于理解。这些探索和研究将进一步推动多模态情感分析领域的发展，并为相关应用提供更加准确和高效的技术支持。

二、相关研究

（一）多模态情感识别

多模态情感识别是一个复杂而具有挑战性的研究领域，其主要挑战在于如何有效地融合来自不同模态的信息，以及如何解决异构多模态数据的对齐问题。现有的多模态数据融合方法大致可以分为三类：特征级融合、决策级融合和混合多模态融合。

特征级融合方法主要关注在特征层面上整合不同模态的信息，决策级融合方法则侧重于在决策层面上进行多模态信息的整合，而混合多模态融合方法则试图结合特征级和决策级融合的优势。例如，Pham 等人[153]提出了一种利用编码器—解码器框架学习不同模态联合表征的方法。在这个框架中，编码器和解码器基于带有注意机制的 LSTM 网络，能够在测试阶段即使只输入单模态数据，也能够利用多种模态之间的信息。这种方法的优势在于其能够在不同模态之间建立一种动态的交互关系。

另一方面，Xing 等人[154]提出了一种名为分层卷积融合的自适应动态记忆网络，用于解决会话中的情感识别问题。该网络在提取局部交互方面表现出高效率，能够有效地捕捉会话中情感的动态变化。

尽管这些方法在多模态情感识别领域取得了一定的进展，但它们并未充分考虑和利用多模态数据之间的长期相关性，同时也存在一些方法未考虑异构数据的对齐问题。因此，大多数研究仅限于多模态数据之间的情绪识别，而未能深入探讨多模态数据融合的深层次问题。

未来的研究可以进一步探索如何更好地利用多模态数据之间的长期相关性，以及如何解决异构多模态数据的对齐问题，以提高多模态情感识别的性能和鲁棒性。同时，也可以尝试结合不同类型的多模态数据融合方法，以实现更高效和准确的识别结果。

（二）多标签情绪识别

在情感识别领域，多标签情绪检测任务是一个挑战性的研究方向。传统的多标签情绪检测任务通常被简化为多个二元分类任务，即分别针对每种情绪进行检测，而忽略了这些情绪标签之间的相关性。这种简化处理可能导致模型在处理实际多标签情感数据时性能不佳。

例如，Shen 等人[155]建议将多标签任务拆分为多个单标签二元分类任务，而 Read 等人[156]将多标签任务转化为一系列二进制分类问题，并额外考虑了高阶标签之间的相关性。这些研究在一定程度上提高了模型对多标签情感数据的处理能力，但它们仍然没有充分利用标签之间的实质性关联。Tsoumakas 等人[157]提出了一种将原始标签集分解为多个随机子集的方法，并在每个子集上训练分类器，以一种分布式方式解决多标签分类问题。尽管这种方法在理论上能够提高模型的性能，但由于忽略了标签之间的实质性关联，实际应用中仍存在一定的局限性。

近期，一些研究尝试将其他任务（如文本分类、图像识别等）中常用的多标签分类方法应用到情感识别领域。例如，Yang 等人[158]利用最初为文本分类设计的增强方法，在情感识别中找到了比基线序列更好的序列，但仍依赖预先训练好的 seq2seq 模型和预定义的顺序。Chen 等人[159]对基于提示的情感分析中预训练语言模型（PLM）的偏差进行了实证研究，发现尽管预训练语言模型在粗粒度情感分类中有效，但在基于提示的情感分析中存在偏差。Wang 等人[160]提出的 CNN-RNN 框架旨在学习联合图像标签嵌入，以表征语义标签依赖性和图像标签相关性。该框架支持端到端训练，能够将这两种信息融合到一个模型中。

然而，这些研究在处理多模态多标签情感识别任务时，未充分考虑到人类情感通常是相互交织和相互依存的，也未充分考虑和利用各种情感标签之间的高度相关性。相较于以往的研究，本章提出了一种新颖的多模态情感分析方法，将多模态数据特征与先前预测的情绪标签相结合，以全面理解标签之间的潜在相关性。这种方法使得 ML-MER 在 MMER 任务上取得了更好的性能。

三、模型介绍

在本节中，笔者首先详细介绍了单模态特征提取器的设计，该提取器负责对多模态数据进行编码，以获取每个模态的原始特征表示。这些单模态特征随后被输入到后续的融合模块中。接下来，笔者提出了一种对抗性多模态模块的方法，该方法旨在实现不同模态间以及模态内部的精确表示。通过引入对抗训练机制，我们能够有效地增强模态特征之间的交互作用，从而提高情感识别的准确性。最后，笔者介绍了如何实现标签与模态的对齐任务。这一步骤对于多标签多模态的情感分析至关重要，因为它确保了情感标签与对应的模态特征之间的一致性。通过这一对齐过程，我们能够更加准确地识别和分类多模态数据中的情感信息。图 10.2 展示了 ML-MER 的主要框架。在本节的研究中，为了便于理解和区分不同类型的数据，笔者使用小写字母表示标量，大写字母表示向量，粗体表示矩阵。例如，a 表示一个标量，A 表示一个向量，$\mathbf{A}$ 表示一个矩阵。此外，为了统一术语和符号的使用，笔者提供了表 10.1，其中列出了本节中使用的术语和符号的定义。

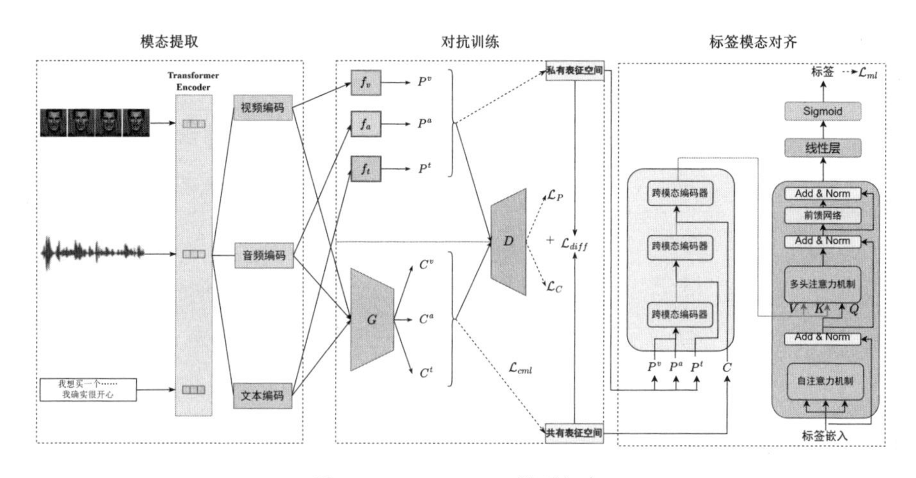

图 10.2　ML-MER 模型框架

表 10.1　本节使用的术语和符号

术语或符号	定义
$\mathcal{X}^v$	视频特征空间
$\mathcal{X}^a$	音频特征空间
$\mathcal{X}^t$	文本特征空间
Y	标签空间
l	标签数量
n	数据样本数量

续表

术语或符号	定义
t_v, t_a, t_t	视觉、音频、文本序列长度
F	多模态多标签情感识别函数
V, A, T	视觉、音频、文本特征
d	特征维度
C_m	模态 m 的公共表示
P_m	模态 m 的私有表征
G	生成器函数
f_v, f_a, f_t	私有表征提取函数
D	模态判别器函数
M	多模态融合表示
L	标签嵌入
S	标签语义嵌入
H	标签定制表示
F_k	标签 k 的预测函数

（一）单模态特征提取模块

给定一个含有 n 个样本的数据集 $\mathcal{D}=\left\{\left(X_i^{\{v,a,t\}},Y_i\right)\right\}_{i=1}^{n}$，MMER 的目标是学习一个函数 $\mathcal{F}:\mathcal{X}^v\times\mathcal{X}^a\times\mathcal{X}^t\rightarrow 2^{\mathcal{Y}}$，该函数可以对未见过的视频分配一组可能的情感标签。对于第 i 个视频 $X_i^{\{v,a,t\}}\in\mathcal{X}^{\{v,a,t\}}$ 是模态特征，$Y_i\subseteq\mathcal{Y}$ 是相关标签的集合。为了表示 CMU-MOSEI 数据集中长序列的上下文信息，笔者使用 Transformer 编码器来表示视觉特征、音频特征和文本特征，分别记为 n_v-layer, n_a-layer, n_t-layer。由此可以得到新的视觉、音频和文本模态的嵌入表示，记为 $V\in\Re^{d\times\tau}, A\in\Re^{d\times\tau}, T\in\Re^{d\times\tau}$。

（二）多模态对抗训练模块

提取器能够捕获长序列的上下文表示，但由于模态之间的差异，单模态提取器无法处理特征冗余。受对抗性网络（generative adversarial networks, GANs）[161]的启发，笔者引入了对抗性多模态模块。该模块固有地将多个模态分解为两个不相交的部分：共同表征和私有表征，从而协同地和单独地提取异构模态的一致性和特异性。

为保持模态间的一致性，笔者设计了一个发生器 $G(\cdot;\theta_G)$，参数为 θ_G，能够将不同的模态投影到具有分布对齐的共同子空间中。由于每种模态都包含特定的信息，模态间的信息存在互补性。用全连接神经网络将 $f_v(\cdot;\theta_v)$、$f_a(\cdot;\theta_a)$ and $f_t(\cdot;\theta_t)$ 带有其参数 $\{\theta_v,\theta_a,\theta_t\}$ 投影嵌入 $\{V,A,T\}$ 中。共同表征和私有表征如公式（10–1）和（10–2）所示：

$$C^v=G(V;\theta_G),C^a=G(A;\theta_G),C^t=G(T;\theta_G) \tag{10–1}$$

$$P^v=f_v(V,\theta_v),P^a=f_a(A;\theta_a),P^t=f_t(T,\theta_t) \tag{10–2}$$

其中，$C^{\{v,a,t\}},P^{\{v,a,t\}}\in\Re^{d\times\tau}$。

1. 模态识别训练

为确保各模态以及各表征的输出准确性，笔者设计了模态判别器，记为 $D(,;\theta_D)$，能够将输入 $I\in\Re^{d\times\tau}$ 映射到概率分布中，用来区分模态，其计算公式（10–3）表示如下：

$$D(I;\theta_D)=\mathrm{softmax}\left(I^TW+b\right) \tag{10–3}$$

其中，$W\in\Re^{d\times3}$ 是权重矩阵，$b\in\Re^{\tau\times3}$ 表示偏置。I 表示为输入模态的特征向量，记作 $O\in\{O^v,O^a,O^t\}$，其中，$O^v,O^a,O^t\in\Re^{\tau\times3}$，表示公式（10–4）如下：

$$O^v=\begin{bmatrix}1,0,0\\ \cdots\\ 1,0,0\end{bmatrix},O^a=\begin{bmatrix}0,1,0\\ \cdots\\ 0,1,0\end{bmatrix},O^t=\begin{bmatrix}0,0,1\\ \cdots\\ 0,0,1\end{bmatrix} \tag{10–4}$$

由于共同表征 $C^{\{v,a,t\}}$ 编码在独立的子空间中，这些子空间有相同的分布。因此，模态判别器能够达到区分不同模态效果。笔者重新构建了一个共同表征的训练数据集 $\mathcal{D}_C=\left\{\left(C_i^v,O^v\right),\left(C_i^a,O^a\right),\left(C_i^t,O^t\right)\right\}_{i=1}^n$ 用于多模态分类，这里采用常见的对抗损失函数[30]，计算式（10–5）如下：

$$\mathcal{L}_C=-\frac{1}{n}\sum_{m\in\{v,a,t\}}\sum_{i=1}^n\left(O^m\log\left(D(C_i^m;\theta_D)\right)\right) \qquad (10\text{–}5)$$

共同对抗性损失目标是通过降低共同表征和其他模态的私有表征之间的相似度来使共同表示更加多样。

私有表征 $P^{\{v,a,t\}}$ 被编码在不同的子空间中，每个子空间遵循不同的分布。因此，模态判别器也能够很好地区分模态间的来源。笔者构建了一个私有表征的训练数据集 $\mathcal{D}_P=\left\{\left(P_i^v,O^v\right),\left(P_i^a,O^a\right),\left(P_i^t,O^t\right)\right\}_{i=1}^n$ 用于私有表征模态分类，这里采用的损失函数如公式（10–6）所示：

$$\mathcal{L}_P=-\frac{1}{n}\sum_{m\in\{v,a,t\}}\sum_{i=1}^n\left(O^m\log\left(D(P_i^m;\theta_D)\right)\right) \qquad (10\text{–}6)$$

私有对抗性损失目标是降低私有表征和共同表征之间的相似度来使私有表征更加独特。

2. 模态约束

在对共同表征和私有表征准确识别后，为了对多模态数据的不同方面进行编码，采用正交损失对 $C^{\{v,a,t\}}$ 和 $P^{\{v,a,t\}}$ 中的冗余项进行惩罚，惩罚计算如公式（10–7）所示：

$$\mathcal{L}_{\text{diff}}=-\sum_{m\in\{v,a,t\}}\sum_{i=1}^n\|(C_i^m)^T P_i^m\|_F^2 \qquad (10\text{–}7)$$

其中，$\|\cdot\|_F^2$ 是 Frobenius norm（弗罗贝尼乌斯范数，或称 F- 范数）的平方。该损失函数的目标是通过施加正交约束来鼓励私有和共同表征之间有较大的差异性。在处理好模态表征和编码后，考虑到模块设计初衷，应为达到对多标签

分类设计共同的语义损失，因此笔者设计了适用于具有共同表征 $C^{\{v,a,t\}}$ 的多标签分类的共同语义损失，其公式（10-8）表示如下：

$$\mathcal{L}_{\text{cml}} = -\sum_m \sum_{i=1}^{n} \sum_{j=1}^{l} y_i^j \log\hat{y}_i^{j,m} + \left(1 - y_i^j\right)\log\left(1 - \hat{y}_i^{j,m}\right) \quad (10\text{-}8)$$

其中，$\hat{y}_i^{j,m}$ 是使用 C^m 进行预测的结果。y_i^j 是真实标签。如果第 j 个标签被认为与当前样本的特征或属性相关，则 $y_i^j = 1$，否则为 0。而整体对抗性损失目标是通过降低私有和共同表示之间的相似度来提高整体对抗性。

（三）标签—模态对齐模块

1. 跨模态联合表示

在完成多模态的共同表征和私有表征后，需要一种模块将其联合表示，以实现多标签分类。笔者研究了一种跨模态编码器，模块采用 BERT 跨模态编码器，利用模态相互作用以准确表示多模态与单模态的信息特征。以给定 $A \in \Re^{d\times\tau_a}$ 和 $B \in \Re^{d\times\tau_b}$ 两种模态为例。为了保留模态的时间信息，笔者采用位置嵌入 $E \in \Re^{d\times(\tau_a+\tau_b)}$ 来进行信息增强。另一方面，由于模态间异质性的存在，笔者添加了两个模态令牌 $E_A \in \Re^{1\times\tau_a}$ 和 $E_B \in \Re^{1\times\tau_b}$ 来弥补模态融合损失。以此将模态表示、位置嵌入和模态标记嵌入到编码器中形成跨模态编码器，记作 $Z = \text{CME}(A,B)$，其中，CME表示为 Cross-Modal Encoder，即跨模态编码器。跨横态编码器能够充分利用不同模态之间的关联性和特征，从而提高多模态数据在多标签分类任务中的表现和性能。

2. 标签引导生成

在多模态对应的多标签问题上，标签的有效性在多标签分类中起着重要作用。对于原始标签空间 $Y = [Y_1, Y_2, \cdots, Y_n] \in \Re^{l\times n}$，笔者使用索引 $L = [L_1; L_2; \cdots; L_l] \in \Re^{l\times d}$。其中，$l$ 是标签个数，d 表示标签维数。用 $\tilde{k} = \{1,2,\cdots,l\} \setminus k$ 表示除第 k 个标签外的所有标签。$\mathbf{L}_k \in \Re^{1\times d}$ 是第 k 个标签的标签嵌入，用来捕捉第 k 个标签的语义信息和特征表示，笔者采用了 self-attention（自注意力机制）以利用标签相关性。对于第 k 个标签，设其标签的语义嵌入表示为s_k，其中s_k涉及自身的语义隐含以及从其他标签接收的语义隐含的协同作用。此外，在最终的标签特定语义嵌入中，笔者引入了一个残差连接[162]，随后进行层规范化（layer normalization），标签语义决定了标签和模态之间的内在依赖关系。因此，得到的标签特定语义可以进一步进行监督学习，来指导学习针对每个标签的定制表示。受变压器解码器的启发，笔者设计了一种标签特定引导解码器，在标签语义的指导下，从联合多模态表示中选择判别信息。模态空间对标签空间的潜在依赖是通过多头注意捕获的，则裁剪后的表示由前馈网络（feedforward network, FFN）和残差连接的两层归一化生成。

对于第k个标签H_k被输入到一个线性函数（linear function），然后进行sigmoid输出，用于最终的标签分类，计算公式（10–9）如下：

$$\mathcal{F}_k = \text{sigmoid}\left(H_k W_k + b_k\right) \tag{10–9}$$

其中，$W_k \in \Re^d$是权重向量，$b_k \in \Re$为偏置。最终的多标签分类的损失函数采用交叉熵损失进行计算，计算公式（10–10）如下：

$$\mathcal{L}_{\text{ml}} = -\sum_{i=1}^{n}\sum_{j=1}^{l} y_i^j \log\hat{y}_i^j + \left(1 - y_i^j\right)\log\left(1 - \hat{y}_i^j\right) \tag{10–10}$$

其中，$\hat{y}_i^j$是（10–9）式的预测值，y_i^j是真实值。如果第j个标签有相关性，则$y_i^j = 1$，否则为0。

综上，最终的目标函数为$\mathcal{L}_{\text{ml}}$，对抗损失为$\mathcal{L}_C$，私有表征损失为$\mathcal{L}_P$，共同表征损失为$\mathcal{L}_{\text{cml}}$，正交损失为$\mathcal{L}_{\text{diff}}$。因此，最终的目标函数损失表示为$\mathcal{L}_{\text{All}}$，计算公式（10–11）如下：

$$\mathcal{L}_{\text{All}} = \mathcal{L}_{\text{ml}} + \alpha\left(\mathcal{L}_C + \mathcal{L}_P\right) + \beta\mathcal{L}_{\text{diff}} + \gamma\mathcal{L}_{\text{cml}} \tag{10–11}$$

其中，α、β、γ均表示为权衡参数。

四、实验

在本节中，笔者将对所提出的 ML-MER 模型进行全面的实验评估和深入分析。

（一）实验设置

笔者在 CMU-MOSEI 基准多模态多标签数据集上进行了实验评估，该数据集包含来自 1000 个不同说话者的 22,856 个视频片段，每个视频片段都包含了 3 种形式的信息：视觉、音频和文本。同时，数据集对每段视频进行了 6 种离散情绪的注释，这些情绪包括愤怒、厌恶、恐惧、快乐、悲伤和惊喜。为了提取多模态特征，笔者采用了预先训练的模型和工具。具体来说，通过 FACET[163] 从视频帧中预提取 35 维的视觉特征，通过 COVAREP[164] 从声学信号中预提取 74 维的音频特征，并通过 Glove[165] 从视频文本中预提取 300 维的文本特征。这些预提取的特征为后续的多模态情感识别任务提供了丰富的信息基础。在实验环境中，笔者进行了标签与模态之间的对齐实验，以评估提出的方法在多模态情感分析任务上的有效性和适用性。

（二）评价指标

在本研究中，笔者采用了一系列广泛使用的多标签分类评价指标来衡量和比较不同方法在多模态多标签情感识别任务中的性能。这些评价指标包括 *Accuracy*（*Acc*）、*Micro-F1*、*Precision*（*P*）和 *Recall*（*R*），其中值越大表示性能越好。笔者对比了其他先进的多模态多标签方法，如 Wu 等人研究的模型 SIMM[166]，该模型利用对抗性学习的共享子空间开发和特定视图信息提取；Hazarika 等人研究的模型 MISA[167]，该模型学习模态不变和特定表示作为多模态融合的前光标；Zhang 等人研究的模型 HHMPN[149]，该模型通过图消息传递同时建模特征到标签、标签到标签和模态到标签的依赖关系。

为了进行全面的实验对比分析，笔者还采用了常见的机器学习方法，如 Logistic 回归、梯度下降法（GD）、朴素贝叶斯（NB）、支持向量机（SVM）、随机森林（RF）、多层感知机（MLP）等，以确保实验结果的可靠性和多样性。

实验记录过程如图 10.3 所示，取 *Accuracy*（*Acc*）、*Micro-F1*、*Precision*（*P*）和 *Recall*（*R*）的平均值作为最终记录。实验评估结果如表 10.2 所示，其中详细列出了不同方法的性能比较。

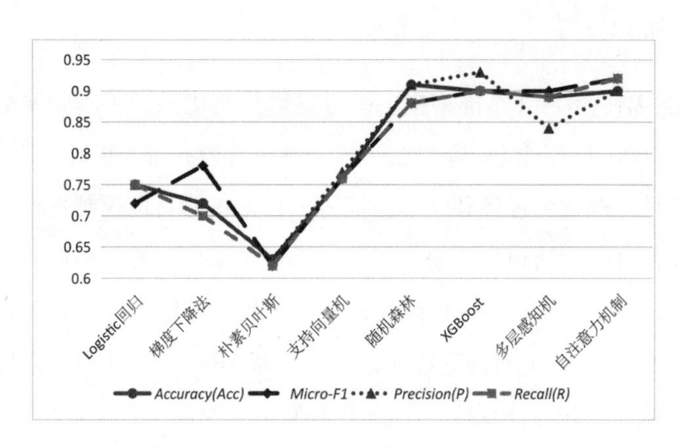

图 10.3　ML-MER 评价指标过程记录

表 10.2　实验评估结果

方法	标签对齐实验			
	Acc	*P*	*R*	*Micro-F1*
SIMM	0.753	0.669	0.711	0.689
MISA	0.765	0.607	0.823	0.698
HHMPN	0.781	0.674	0.714	0.693
ML-MER	0.815	0.705	0.814	0.756

在本实验中，笔者采用了多模态对抗训练模块，并对其进行了优化。具体来说，笔者联合优化了公共对抗损失、私有对抗损失、公共语义损失、正交损

失和整体损失，如式（10–11）所示。在实验过程中，笔者记录最终的目标函数损失，实验结果如图 10.3 所示。

图 10.4 展示了训练和测试过程中损失函数值（Loss）随训练轮数（Epoch）变化的趋势。横坐标表示训练的轮数，纵坐标则代表损失函数值。

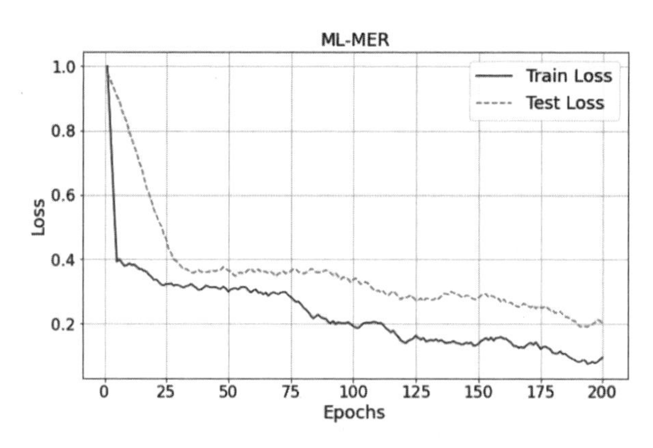

图 10.4　ML–MER 的最终损失函数

五、结论

本研究提出了一项名为 ML–MER 的定制多模态学习框架，旨在解决多模态多标签情感识别（MMER）任务中的重要挑战。ML–MER 方法旨在充分利用多模态数据的多样性，通过细化多模态表示并增强每个标签的区分能力，以提炼更为丰富的语义信息特征。

在 ML–MER 的整体结构中，对抗性多模态细化模块（adversrial multi–modal refinement, AMR）通过对抗训练的方式，成功实现了共有和私有模态的精练。共有对抗生成器和判别器被设计用以捕捉不同模态之间的共性，同时私有对抗生成器和判别器则旨在增强各个模态的多样性。BERT 跨模态编码器逐步融合共有和私有模态表示，有效地捕捉模态之间的相互关系以及标签的语义信息。标签特定的引导解码器通过引导解码过程，并结合标签相关性生成定制解码器，进一步提升每个标签的区分能力。

通过在CMU-MOSEI数据集上进行实证实验，笔者验证了ML-MER方法在MMER任务中的卓越性能。相较于其他方法，ML-MER方法在对齐情况下取得了更为显著的成果。具体而言，ML-MER方法通过深度挖掘多模态数据的共性与个性特征，以及标签之间的相关性和标签—模态的依赖关系，显著提升了MMER的准确性和综合理解能力。

未来的研究方向可以进一步探索更为有效的多模态融合策略和标签建模方法，以更好地适应多样复杂的实际应用场景。此外，通过引入更丰富的多模态数据和标签关系知识，我们有望进一步提升多模态多标签情感识别的性能和鲁棒性，为该领域的研究和应用贡献更为深入的见解。

/ 本章小结 /

本章专注于多模态多标签情感识别（MMER），探讨了如何通过整合多种模态的数据（如文本、语音、面部表情等）来提高情感识别的准确性和鲁棒性。本章提出了一种名为ML-MER的定制多模态学习框架，旨在解决传统方法在处理复杂情感数据时面临的挑战。

首先，本章介绍了当前多模态情感识别领域的研究现状及其局限性。尽管现有方法在多模态情感识别领域取得了一定进展，但它们未能充分利用多模态数据之间的长期相关性，也未能充分解决异构数据对齐的问题。为此，ML-MER框架被设计用于更好地捕捉和利用这些复杂的关联，从而提升情感识别的性能。

ML-MER框架的核心组成部分包括单模态特征提取模块、多模态对抗训练模块以及标签—模态对齐模块。这种方法不仅增强了模态间的交互作用，还提高了情感识别的准确性。标签—模态对齐模块是ML-MER框架中的关键步骤之一，它确保了情感标签与对应的模态特征之间的一致性。通过对齐过程，模型能够更精确地识别和分类多模态数据中的情感信息。此外，该框架还结合了BERT跨模态编码器和标签特定引导解码器，逐步融合共有和私有模态表示，有效地捕捉模态之间的相互关系及标签的语义信息。

其次，为了验证 ML-MER 的有效性，本章在 CMU-MOSEI 数据集上进行了实验评估。实验结果表明，ML-MER 在多个评价指标（如 *Accuracy*、*Micro-F1*、*Precision* 和 *Recall*）上均优于其他先进的多模态多标签方法，例如 SIMM、MISA 和 HHMPN 等。特别是在标签对齐实验中，ML-MER 表现出显著的优越性，证明了其在处理多模态多标签情感识别任务上的高效性和准确性。

最后，本章总结了 ML-MER 的主要贡献：通过深度挖掘多模态数据的共性与个性特征，以及标签之间的相关性和标签—模态依赖关系，显著提升了 MMER 任务的性能和综合理解能力。未来的研究方向可以进一步探索更为有效的多模态融合策略和标签建模方法，以适应多样复杂的实际应用场景。此外，通过引入更丰富的多模态数据和标签关系知识，有望进一步提升多模态多标签情感识别的性能和鲁棒性，为该领域的研究和应用提供更深入的见解。

第十一章 多模态文物复原

文物不仅是国家和民族宝贵的文化遗产，更是历史的见证者和文化的载体。它们记录着人类社会的变迁，承载着不可再生的历史记忆和文化遗产。然而，由于时间的侵蚀和环境的变迁，许多文物都遭受了不同程度的破损和缺损，这对文物保护工作提出了严峻的挑战。

传统的文物保护方法往往成本高昂且劳动密集，且难以完全恢复文物的原貌。为了克服这些挑战，本章提出了一种新颖的文物复原技术，该技术结合了图像处理技术、虚拟现实技术和数字化技术。通过深入分析深度学习技术在文物复原领域的优势和挑战，本章探讨了多模态数据整合在文物复原过程中的重要性[168]。

多模态数据整合结合深度学习技术能够提高文物复原的准确性和效率，为文物保护与修复工作提供了新的思路和方法。通过深度学习算法，能够实现文物复原过程中多模态数据的有效整合与应用，为文物保护提供了全新的可能性。

随着文物保护与修复工作的不断发展，以及人工智能和计算机视觉技术在各个领域的广泛应用，如何有效利用现代技术手段提高文物复原的精度和效率成为当前研究的热点之一[169]。深度学习作为人工智能领域的重要分支，在图像处理、数据分析等方面展现出强大的能力，为文物复原领域带来了新的机遇和挑战。

本章旨在探讨文物复原技术的重要应用，通过分析、识别和复原文物的受损部分，实现对古代文物的数字化复原和重建，达到对文物的精准修复和再现。这种方法不仅能够恢复文物的外观，还能深入挖掘文物背后的历史和文化价值，为文物保护与修复工作提供更为全面和深入的解决方案。

一、文物复原中的多模态数据整合

在文物复原过程中，数据的多样性是关键挑战之一。这些数据类型包括图像数据、三维扫描数据、文本描述等，它们各自来源不同，但相互之间存在复杂的关联性和信息交叉。传统的文物复原方法往往局限于单一数据类型的处理，这导致难以全面理解和分析文物的复原需求，限制了复原工作的全面性和准确性。

为了克服这一挑战，多模态数据整合成为提升文物复原全面性和准确性的关键。通过整合不同类型的数据，可以实现对文物特征和损伤情况的更全面和更深入的理解。例如，结合图像数据和文本描述，深度学习算法可以分析图像内容和文本信息的关联性，从而更准确地理解文物的特征和损伤情况[170]。这种分析不仅能够提供对文物外观的直观理解，还能揭示其背后的历史和文化价值。

此外，三维扫描数据与图像数据的整合也为文物复原提供了更丰富的信息支持。三维扫描数据可以提供文物的立体信息，而图像数据则能够提供详细的表面特征。通过深度学习技术，可以实现这两类数据的融合，帮助实现文物的三维重建和修复。这种整合不仅可以提高复原工作的准确性和效率，还能够为文物的保护和修复工作提供更为全面和深入的解决方案。

总体来说，多模态数据整合结合深度学习技术在文物复原中的应用，不仅能够提高复原工作的全面性和准确性，还能够为文物保护与修复工作提供新的思路和方法。随着技术的发展和应用，未来有望实现更为精确和高效的文物复原工作。

二、深度学习模型在文物复原中的应用

（一）卷积神经网络（CNN）在文物复原中的应用

卷积神经网络（CNN）由一个或多个卷积层（convolutional layer）、池化层（pooling layer）以及全连接层（fully connected layer）等组成。在文物复原中，CNN 可以有效地处理文物图像数据。CNN 结构图如图 11.1 所示：

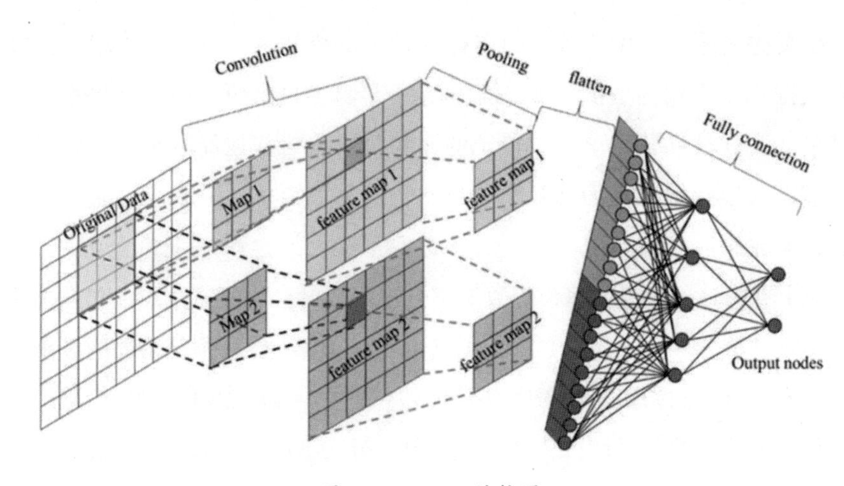

图 11.1　CNN 结构图

CNN 在文物复原领域的应用原理主要体现在以下几个方面：

1. 特征提取

CNN 通过卷积层和池化层来提取图像中的特征。在文物复原中，CNN 可以帮助识别文物图像中的关键特征，例如纹理、形状等，这些特征对于文物的恢复和修复至关重要。卷积层通过滑动窗口的方式，捕捉到图像中的局部特征，而池化层则通过下采样来减少特征图的大小，同时保留关键信息。

2. 卷积操作

CNN 中的卷积操作能够有效捕获图像中的局部特征。在文物复原中，CNN 通过卷积操作可以识别文物图像中的细节和结构，有助于还原文物的原貌。卷积核在图像上滑动，计算每个位置的响应，形成特征图，这些特征图包含了图

像的局部特征。

3. 权重共享

CNN 中的权重共享机制使得网络能够学习到图像中通用的特征表示。在文物复原中，这意味着 CNN 可以通过训练学习到文物图像中普遍存在的特征，从而实现对文物的恢复和修复。权重共享使得网络能够提取到图像中的通用特征，这些特征可以应用于不同的文物图像。

4. 自动特征学习

CNN 能够自动学习图像中的特征表示，无需手动设计特征提取器。这使得 CNN 在文物复原中具有很强的适应性和灵活性，能够处理各种类型和尺度的文物图像。自动特征学习使得 CNN 能够从原始图像中提取出有用的特征，这些特征可以用于文物的恢复和修复。

通过这些原理，CNN 能够有效地处理文物图像数据，实现文物的恢复、修复和重建工作。CNN 在文物复原中的应用，可以提高复原工作的效率和准确性，为文物保护和修复工作提供有力支持。随着 CNN 技术的不断发展，未来有望实现更为精确和高效的文物复原工作。

（二）循环神经网络（RNN）在文物复原中的应用

循环神经网络（RNN）是一类以序列（sequence）数据为输入，在序列的演进方向进行递归（recursion）且所有节点（循环单元）按链式连接的递归神经网络（recursive neural network）。在文物复原中，RNN 可以有效地处理文物相关的序列信息。RNN 结构图如图 11.2 所示：

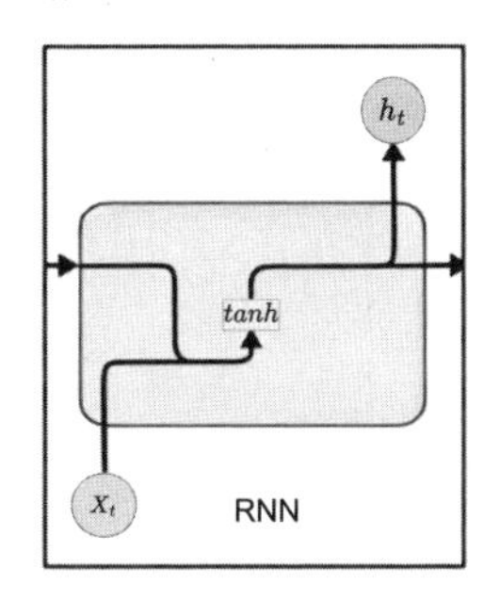

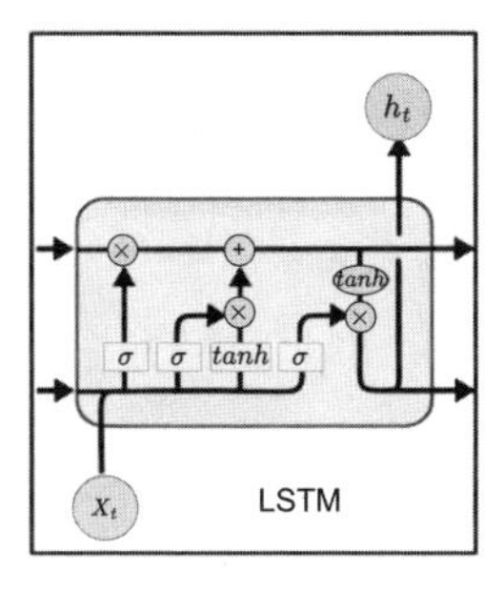

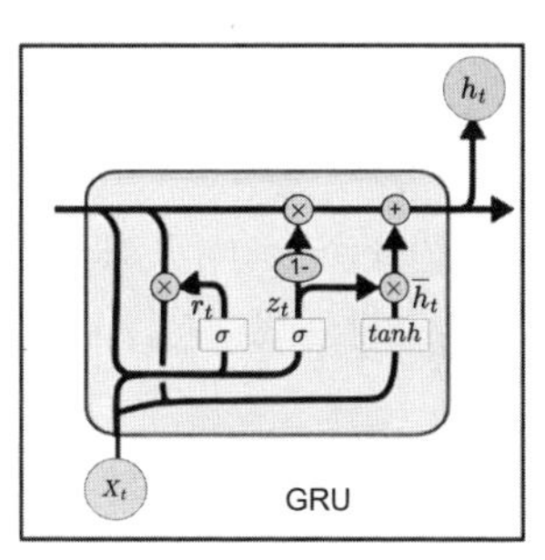

图 11.2　RNN 结构图

RNN 在文物复原领域的应用原理主要体现在以下几个方面。

1. 处理序列数据

RNN 适用于处理序列数据，如文本描述、时间序列数据等。在文物复原中，RNN 可以用于处理文物相关的序列信息，比如文物的历史描述、文物之间的关联等。RNN 能够处理序列数据的顺序性，对于文物复原来说，这意味着它可以处理文物数据的时序信息和关联性。

2. 反向传播

RNN 通过反向传播算法进行训练，可以学习到文物图像数据中的模式和规律。这使得 RNN 能够根据已有的文物数据进行预测和复原，进而实现文物复原的目的。反向传播算法使得 RNN 能够通过梯度下降的方式优化网络参数，从而学习到文物数据的特征和规律。

3. 长短时记忆网络（LSTM）和门控循环单元（GRU）

在 RNN 的基础上，LSTM 和 GRU 等改进模型可以更好地解决长序列数据处理中的梯度消失和梯度爆炸问题，有助于提高文物复原任务的效果。LSTM 和 GRU 通过引入门控机制，能够有效地处理长序列数据，使得网络能够学习到长序列数据中的长程依赖关系。

通过这些原理，RNN 可以有效地处理文物相关的序列信息，帮助实现文物的复原和修复工作。RNN 在文物复原中的应用，可以提高复原工作的效率和准确性，为文物保护和修复工作提供有力支持。随着 RNN 技术的不断发展，未来有望实现更为精确和高效的文物复原工作。

（三）生成对抗网络（GAN）在文物复原中的应用

生成对抗网络（GAN）是一种深度学习模型[171]，由生成器（generator）和判别器（discriminator）组成。在文物复原中，GAN 可以用于生成与原始文物形状相似的修复结果。GAN 结构图如图 11.3 所示：

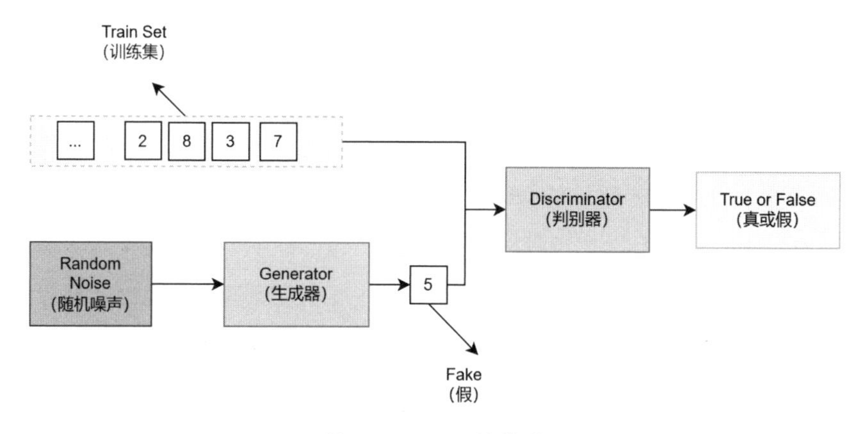

图 11.3　GAN 结构图

GAN 的结构图原理主要包括两个核心组件：生成器和判别器。

1. 生成器

生成器是 GAN 中的一个神经网络，其任务是接收一个随机噪声向量作为输入，并通过一系列的神经网络层逐步转换噪声向量，最终生成一个与原始文物形状相似的修复结果。生成器的设计旨在尽可能地生成逼真的、与真实文物形状相符合的结果。通过迭代训练，生成器能够不断优化其参数，生成越来越逼真的修复图像。

2. 判别器

判别器是另一个神经网络，其目标是区分生成器生成的修复结果和真实文物形状之间的差异。判别器接收修复结果和真实文物形状作为输入，并输出一个概率值，表示输入是真实文物形状的概率。判别器的目标是尽可能准确地判断修复结果的真伪，即尽可能区分真实文物和生成器生成的假文物。

通过生成器和判别器的对抗训练，GAN 能够学习到文物形状的特征分布，并生成与原始文物形状相似的修复结果。这种基于对抗训练的方式能够更好地保留文物的形状特征，为文物保护和研究提供一种有效的文物复原方法[172]。GAN 的优点在于它能够自动学习文物的形状特征，而无需手动设计复杂的特征提取器。这使得 GAN 在文物复原领域具有较高的潜力和应用价值。

三、案例分析

近年来，文物复原领域的研究日益倚重于深度学习技术，尤其是多模态数据整合的应用。He 等人[173]通过多模态数据整合的深度学习模型，成功实现了对文物损伤部位的自动识别和修复，显著提升了文物复原的准确性和效率。此外，Xu 等人[174]的研究表明，深度学习技术在处理多模态数据时具有明显优势，能够更有效地挖掘不同数据来源之间的相关性，为文物复原提供更为全面的信息支持。

以三星堆出土的国宝级文物铜兽驮跪坐人顶尊铜像为例，文物复原的基本流程包括多个关键步骤。首先，需要确定不同地点出土的文物是否能够拼凑到一起。其次，在实施文物修复时，定量参考指标的生成与分析尤为关键，特别是涉及局部匹配度的评估，其技术实现如图 11.4 所示。

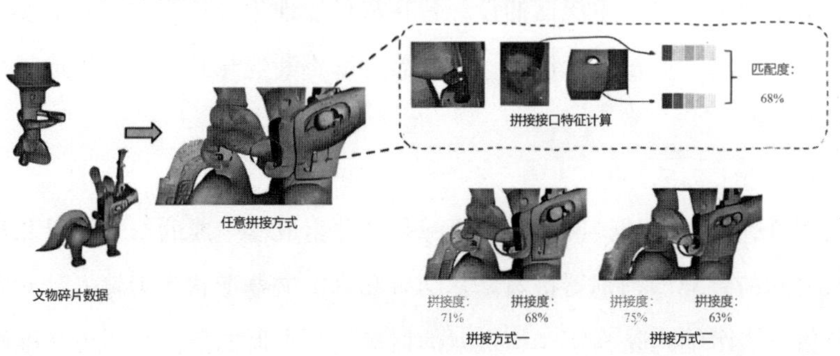

图 11.4　局部匹配度

1. 特征提取与描述

使用计算机视觉技术，如卷积神经网络（CNN）或特征描述符（如 SIFT、SURF 等），对文物图像进行特征提取和描述。这些特征可以包括局部关键点、边缘、纹理等。

2. 特征匹配

利用特征匹配算法，例如基于特征点的匹配方法（如基于光流或特征描述符的方法），对文物图像的特征进行匹配，以找到相似的局部区域。

3. 局部匹配度计算

通过比较匹配的局部特征之间的相似性，可以计算局部匹配度。这一过程利用各种度量方法，如欧氏距离、相互信息或结构相似性指数（structual similarity index, SSIM），来评估匹配的局部区域的相似程度。

在文物修复中，几何分析、裂缝检测和矫形算法是关键的技术步骤，旨在有效地处理文物表面的损伤和结构问题。图 11.5 展示了这些文物修复的步骤，以下是这些步骤及相关技术的详细描述。

1. 图像预处理

首先对文物图像进行预处理，以提高后续分析的准确性和效率。这包括去除图像中的噪声、将彩色图像转换为灰度图像，并进行边缘检测等操作。通过这些处理，可以更清晰地显示文物表面的几何结构和损伤部位。

2. 裂缝检测

利用图像处理技术来检测文物表面的裂缝是修复过程中的重要一步。常用的方法包括 Canny 边缘检测算法、形态学变换等，这些技术能够有效地识别并标记出裂缝的位置和形状。

3. 裂缝矫正

一旦裂缝被检测出来，就需要采用图像配准技术来对文物表面进行矫正。这可能涉及特征点的匹配、仿射变换或者更复杂的非线性变换，以将裂缝位置对齐并修复，使得文物表面恢复原有的完整性。

4. 变形算法

在文物修复的过程中，变形算法在调整文物结构和形状方面发挥着关键作用。这些算法可以局部或整体地对文物表面进行形变，常见的包括网格变形和弹性变形等。通过这些方法，可以精确控制文物的形态，使其达到修复或调整结构的目的。

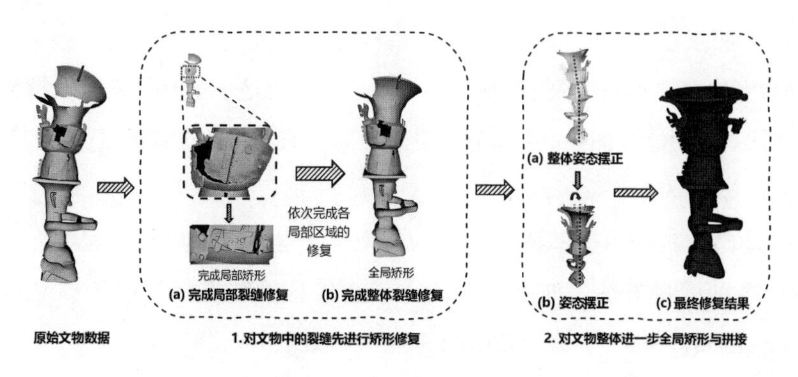

图 11.5 裂缝检测和矫形

综合以上案例分析和学者观点，基于深度学习的多模态数据整合在文物复原中的应用具有重要意义。通过整合不同类型的数据并运用深度学习算法，可以更全面、准确地实现对文物的复原与修复，为文物保护与修复工作提供新的技术支持。

/ 本章小结 /

本章聚焦于基于深度学习的多模态数据整合技术在文物复原领域的应用研究。笔者深入探讨了这一技术在文物复原工作中的意义和潜在价值，并对其在提升文物复原准确性和效率方面的优势进行了分析。未来，笔者计划进一步探索深度学习技术在多模态数据整合方面的应用，同时将优化文物复原算法，以提高文物复原的精度和效率。此外，还将研究如何将深度学习技术与其他先进技术（如虚拟现实、增强现实等）相结合，以进一步提升文物复原的质量和效果。

第十二章　基于深度学习的手语翻译技术

手语作为一种独特的交流方式，主要由连续的手势动作构成，为聋哑人士提供了重要的沟通途径。手语识别的任务目标是通过检测图像及视频中人物的手部动作，将其转换成自然语言的文本信息，实现动作信息与文本信息之间的准确转换。这不仅是一项挑战性的任务，也是一个弱监督学习问题，因为手语翻译的来源信号通常是多样且复杂的。

近年来，基于深度学习的手语识别与翻译研究取得了显著进展。然而，这些研究仍存在一些不足之处。手语翻译需要考虑跨模态关联性学习问题，同时也需要关注模态内部的时序相关性。为了解决这些问题和挑战，本章提出了一种基于图神经网络的手语翻译方法。该方法首先设计了一个图嵌入单元，它将具有通道和时间学习的并行卷积嵌入图卷积网络中，以学习每个模态序列中的时间线索和跨模态互补性。其次，提出了一种具有池化的分层图嵌入单元堆栈器，它逐渐压缩通道维而不是时间维度，以获得多模态序列紧凑且信息丰富的表示，并保留更多的时序线索。最后，采用连接主义时序解码策略来探索整个视频流上的时间关联性，并将特征序列转换成完整的手语句子。

实验结果表明，在 USTC-CSL 数据集中，本章提出的方法实现了最佳性能；在 BOSTON-104 数据集中，相比于其他典型的多模态嵌入策略，本章提出的方法获得了更紧凑、互补且信息丰富的手语表征。在两个基准数据集上的实验证明了所提出方法的有效性，并证明了利用多模态线索有助于更好地表征视频并提高手语翻译性能。这些发现为手语识别与翻译领域的研究提供了新的思路和方法，为进一步提高手语识别与翻译的准确性和效率奠定了基础。

一、手语翻译技术介绍

根据全国第二次残疾人抽样调查，目前我国听障人士数接近3000万，是国内最大数量的残障群体，手语是听障人士交流表达的主要手段[175]。无障碍沟通是广大听障人群打破信息孤岛、进行平等社会交流的重要途径。基于深度学习的手语翻译技术的研究现状在近年来得到了显著的发展，主要有手语识别、手语到文本翻译、手语到语音合成、多模态手语翻译。

手语识别是利用深度学习模型对手语视频进行识别和解析，识别手语动作、手势和姿势，并将其转换为文本或者语音输出。常用的方法都是通过卷积神经网络（CNN）、循环神经网络（RNN）和注意力机制等方法来提高手语识别的准确性和鲁棒性。手语到文本翻译即将手语视频翻译成自然语言文本的任务。研究大多通过深度学习模型，尤其是端到端的序列到序列模型，来实现从手语到文本的翻译，提高翻译的准确性和流畅度。手语到语音合成是将手语视频翻译成语音输出的任务。其主要利用深度学习模型，如变分自编码器（VAE）和生成对抗网络（GAN），将手语翻译成自然语言的语音输出，提高了手语翻译系统的实用性和用户体验。多模态手语翻译即利用多模态信息，如视频、文本和语音等，进行手语翻译，探索如何将不同模态的信息进行有效融合，提高手语翻译系统的性能和鲁棒性。

本章研究的为多模态手语翻译，此类算法为手语交流者和其他人的交流建立起沟通的桥梁，因此越来越多的研究人员会把时间和精力投入到该方面的研究中来。

Camgoz 等人[176]提出 Sign2Text 模型，使用基于注意力的编码器—解码器模型来学习如何从空间表征或手语注释中进行翻译。Guo 等人[177]建立了一种面向手语翻译的高级视觉语义嵌入模型。Li 等人[178]提出了一种考虑多粒度的时间标识视频片段表示方法，减轻了对精确视频分割的需求。虽然 Sign2Text

结构简化了手语翻译模型，但容易出现模型的长期依赖问题。且受制于当前技术及数据的制约，当前手语视频到文本的翻译在没有任何明确的中间监督的情况下很难获得较好的效果。考虑到手语注释的数量远低于其所代表的视频帧的数量，另一些研究者开始引入手语注释作为中间标记，设计了手语到注释到文本的手语翻译（sign2gloss2text, S2G2T）。Chen 等人[179]将手语翻译过程分解为视觉任务和语言任务，提出了一种视觉—语言映射器来连接两者，这种解耦使得视觉网络和语言网络在联合训练前能进行独立的预训练。Camgoz 等人[180]通过在手语翻译中利用 Trans-former 融合手工和非手工特征进行手语翻译。Fang 等人[181]将手语翻译模型嵌入可穿戴设备。Yin 等人[182]将训练的词表达嵌入解码器用于手语翻译。Zhou 等人[183]使用文本到注释翻译模型将大量的口语文本整合到手语翻译训练中。Yin 等人[184]基于 Transformer 设计了一个端到端的手语同步翻译模型，并且提出了一种新的重编码方法来增强编码器的特征表达能力。

基于手语视频到注释到文本的手语翻译是目前使用较多的手语翻译范式。但是，一方面手语注释是语言模态的离散表示，若注释遗漏、误译部分信息，很大程度上会影响翻译结果；另一方面，如何确保两个阶段在翻译过程中的高效配合也是手语翻译的难点之一。

二、相关工作

手语识别框架是一个复杂而关键的领域，其核心在于准确地理解和转换手语表达。这一框架通常包括两个主要部分：视觉特征提取和识别模型。视觉特征提取部分负责从手语视频中提取高维特征，这些特征对于后续的识别至关重要。识别模型部分则负责对这些特征进行分析，并通过对齐约束等策略来提升模型的泛化能力，确保模型能够在不同情境下准确识别手语。

手语识别的流程如图 12.1 所示，根据手语类型的不同，手语识别可以分为静态手语识别、孤立词手语识别、大规模连续动作手语识别。静态手语识别主要关注手势的静态特征；孤立词手语识别关注手语单词的识别；而大规模连续动作手语识别则关注连续手语动作的识别和理解。根据研究方式的不同，手语识别可以分为基于数据手套和传感器识别系统、基于深度学习识别系统。基于数据手套和传感器识别系统依赖物理设备来捕捉手势动作，而基于深度学习识别系统则依赖机器学习和人工智能技术来分析和识别手势。

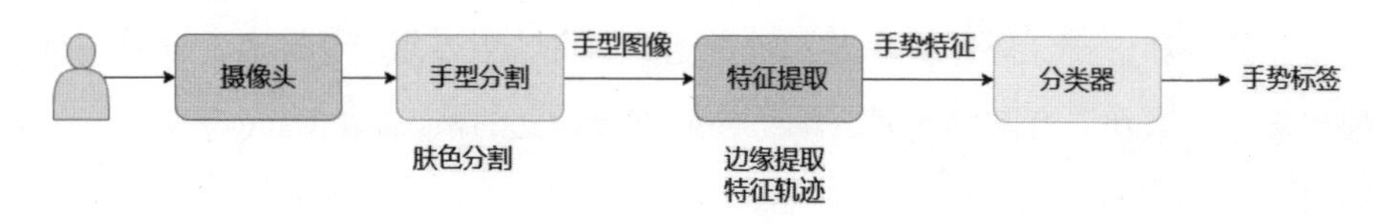

图 12.1 常用的手语识别流程

1. 连续手语识别

连续手语翻译任务是从离散手语识别任务发展而来的，这一过程涉及特征表示和序列学习两个关键环节。与孤立词手语识别相比，连续手语识别任务由于需要处理更复杂的手势动作和更长的视频序列表达，因此更具挑战性。

早期的连续手语识别方法主要基于孤立词手语识别的研究展开，这些方法通常依赖传统的机器学习技术，如支持向量机（SVM）和隐马尔可夫模型（HMM）等，如图 12.2 所示。例如，一些早期的研究利用视频分割算法将连续的视频序列分割成若干个视频片段，然后采用孤立词手语识别方法对每个片段进行识别，并将识别结果整合起来，以形成对整个连续手语动作的理解。这种方法在一定程度上能够处理连续手语识别问题，但往往面临着分割不准确、片段之间整合困难等问题。

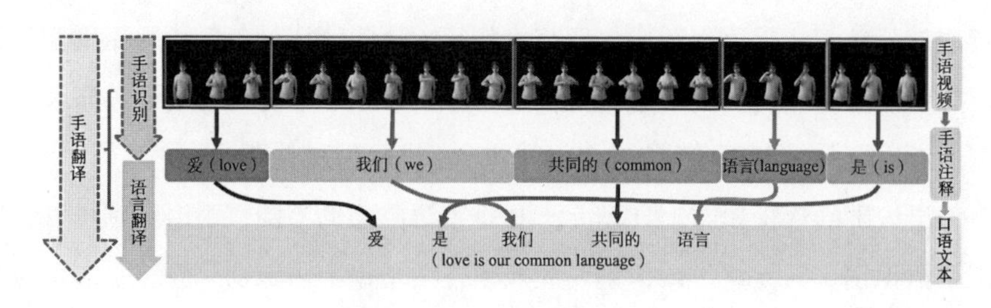

图 12.2 连续手语识别流程

随着深度学习技术的快速发展，基于深度学习的视觉特征的连续手语识别逐渐成为主流。深度学习模型，特别是卷积神经网络（CNN）和循环神经网络（RNN），能够有效地处理高维图像数据，并学习到手势动作的时空特征。此外，深度学习模型能够自动学习手势动作之间的时序关系，从而更好地理解和识别连续手语动作。

2. 基于深度学习的手语识别

在手语识别领域，由于非深度学习的特征提取方法难以有效适应手语复杂动态的手势变化以及其他关键身体部位的细微变化，一些研究者开始采用深度学习的视觉特征进行孤立词手语识别中的视觉特征建模。这些深度学习模型，如卷积神经网络（CNN）、循环神经网络（RNN）、长短期记忆网络（LSTM）等，能够自动学习到手势动作的时空特征，并捕捉到手势之间的复杂时序关系。

Zhang 等人[185]研究了基于视频、深度图像、惯性传感器数据等多种模态的手语识别方法。他们的研究涵盖了深度学习模型如 CNN、RNN、LSTM 等，以及传统的特征提取和机器学习方法。Cui 等人[186]提出了一种基于多模态数据的连续手语识别方法，他们将视频数据与深度图像数据相结合，利用 CNN 和 LSTM 进行特征提取和序列建模，以实现连续手语的识别。Li 等人[187]介绍了一种多模态连续手语识别的方法，采用视频和惯性传感器数据作为输入。他们提出了一种融合视频和传感器数据的多模态特征提取和融合策略，并使用多模态循环神经网络（multi-modal recurrent neural network, MM-RN）等深度学习模型进行连续手语识别。Wei 等人[188]回顾了近年来在多模态连续手语识别领域的研究进展。文献涵盖了使用深度学习模型（如 CNN、RNN、Transformer 等）对多模态数据进行联合建模的方法，以及利用注意力机制、对抗学习等技术来提高识别性能和鲁棒性。Hu 等人[189]介绍了利用视频、深度图像和传感器数据等多模态信息进行手语识别的方法，包括基于深度学习和传统机器学习的模型，如多模态融合 CNN、多模态 LSTM 等。这些研究表明，深度学习技术在手语识别领域具有广泛的应用前景，尤其是在处理多模态数据时，能够有效提高识别的准确性和鲁棒性。

三、方法介绍

本研究提出的方法是一个基于深度学习的手语识别与翻译框架，其整体流程由三个关键步骤组成：特征提取、多模态序列嵌入以及连接主义时序解码。

1. 特征提取

给定一个多模态数据流的手语视频，本方法首先从视频中提取特征序列。这些特征序列包括 RGB 特征 van、深度特征 vdn 和骨架特征 vsn。这些特征是从视频中提取的，它们代表了视频内容的不同方面，如颜色、形状和姿态。

2. 多模态序列嵌入

在特征提取的基础上，本方法提出了一种基于图的多模态序列嵌入方案。这个方案的目的是将这些不同的多模态序列线索聚合成一个集成的特征序列。通过图神经网络（GNN）等深度学习技术，我们可以学习到这些多模态特征之间的互补性和相关性，从而更好地理解和识别手语。

3. 连接主义时序解码

本方法采用连接主义时序解码策略来探索整个视频流上的时间关联性，并将特征序列转换成完整的手语词标签序列语句。这一步骤的目标是将多模态特征序列转换成可以理解的文本形式，以便于交流和翻译。

整个流程的目的是通过深度学习技术，从多模态数据中提取和理解手语的特征，并将这些特征转换成可以理解的文本形式。通过这种方式，我们可以更准确地理解和翻译手语，为聋哑人士提供更好的沟通和交流方式。

（一）多模态嵌入与融合

在人工智能领域，利用多模态线索来提高模型的应用性能已经成为一种常见的方法。这种方法的核心思想是通过结合不同模态的数据，如视觉、听觉、文本等，来增强模型的理解和推理能力。在多个不同的任务中，多模态融合都展现出了其强大的潜力。

Gao 等人[190]研究了一种用于视频描述的多模态融合方法。他们通过整合视频的视觉和语音信息，提高了视频描述的准确性和表达能力。这种方法可以使得机器更好地理解视频中的内容，并生成更准确的描述。Zhou 等人[191]对自然语言处理领域中的多模态融合方法进行了调查，总结了当前主流的多模态融合技术及其在文本理解和生成任务中的应用。他们的研究为多模态融合在自然语言处理中的应用提供了有价值的见解和指导。Liu 等人[192]利用深度学习技术进行多模态情感分析的方法，结合了文本、图像和音频等多种数据源。这种方法可以更全面地理解用户的情感状态，并提高了情感分析的精度和泛化能力。这些研究表明，多模态融合在整合不同数据源的信息时能够显著增强模型的应用性能，为各类人工智能任务带来了新的可能性和效益。

（二）图神经网络

图神经网络（GNN）是一种专为处理图结构数据设计的神经网络模型。与传统的神经网络，如卷积神经网络（CNN）和循环神经网络（RNN）相比，在处理规则数据结构，如图像和时间序列时，GNN 特别适合处理不规则的图结构数据，例如社交网络和知识图谱。在图结构中，节点代表实体，边则表示实体之间的关系。

由于图结构中的节点和边是关系导向的，GNN 需要一种新的方式来表示节点和节点之间的边。其核心思想是通过聚合每个节点的特征与其周围节点的特征，形成新的节点表示。这个过程通常通过消息传递机制来实现，其中每个节点接收来自其邻居节点的信息，并将其聚合成一个新的节点表示。这个过程可以反复迭代多次，以获取更全面的图结构信息。

GNN 的结构通常由多个层组成，每个层都包含节点嵌入、消息传递和池化等操作。在节点嵌入操作中，每个节点的特征被转换为低维向量表示，以便于神经网络进行学习和处理。在消息传递操作中，每个节点接收其邻居节点的信息，并将这些信息聚合成一个新的节点表示。在池化操作中，节点表示被合并为整个图的表示，以便于进行图级任务的预测。

GNN 因其能够捕捉复杂关系和结构化数据的特点，在多种深度学习任务中得到广泛应用，如图像语义分割、神经机器翻译和推荐系统等，特别是在关系学习过程中。GNN 的成功应用展示了其在处理复杂数据结构和关系建模方面的强大能力，为人工智能领域的研究和应用提供了新的思路和方法。

四、实验结果

在本节中，笔者对提出的方法在两个基准数据集上进行了评估，分别是USTC-CSL 数据集和 BOSTON-104 数据集。USTC-CSL 是一个中文日常手语数据集，包含了 50 名手语者演示的 100 个常见手语语句。这个数据集主要针对中文手语，为手语识别和翻译提供了丰富的中文手语表达。BOSTON-104 包含 201 句美国英语语句的手语演示视频，涉及 104 个不同的单词。这个数据集主要用于美国英语手语的识别和翻译，为研究提供了丰富的英语手语表达。为了进行实验评估，笔者将这两个数据集拆分为训练集和测试集。训练集用于训练模型，而测试集则用于评估模型的性能。通过在 USTC-CSL 和 BOSTON-104 数据集上的实验评估，我们能够全面了解所提出方法在手语识别和翻译任务中的性能表现。这些实验结果将为手语识别和翻译领域的研究提供有价值的参考和指导。

（一）BOSTON-104 数据集上的性能对比

笔者在 BOSTON-104 数据集上进行了实验，并将结果与多种现有方法进行了性能比较，详细列于表 12.1 中。在本实验中，“Hand-P”代表手部位置特征。本节提出的方法与典型的多层感知器进行了对比，同时还与现有的手语翻译工作（EA、CTM）进行了评估。结果表明，本节方法在性能上达到了最佳水平。

表 12.1　BOSTON-104 数据集上的性能对比

Methods	Input Data	*WER*（%）
MLP	Frames+Hand-P	34.59
EA	Frames	30.34
CTM	Frames+Hand-P	36.74
Our Method	Frames+Hand-P	**15.25**

注：加粗字体为每行最优值。

通过充分的实验验证，证明了利用图结构来嵌入和融合多模态序列特征对于多源手语视频表征具有显著的可行性，并且在公开的主流数据集上展现出了强大的翻译性能。

（二）词性对准备性的影响

为了深入研究模型在单词识别方面的准确率，笔者选择在 USTC-CSL 数据集上进行测试。如图 12.3 所示，笔者利用饼状图展示了训练集中单词词性的分布以及测试子集中不同词性单词的识别准确率。图 12.4 则显示了代词、动词和助词的识别准确率明显高于形容词和名词。这可能是因为在训练过程中，代词、动词和助词的出现频率较高。总体而言，手语数据中单词分布不均衡导致了识别率的下降，这也是未来手语翻译任务中需要深入探索和解决的一个挑战。

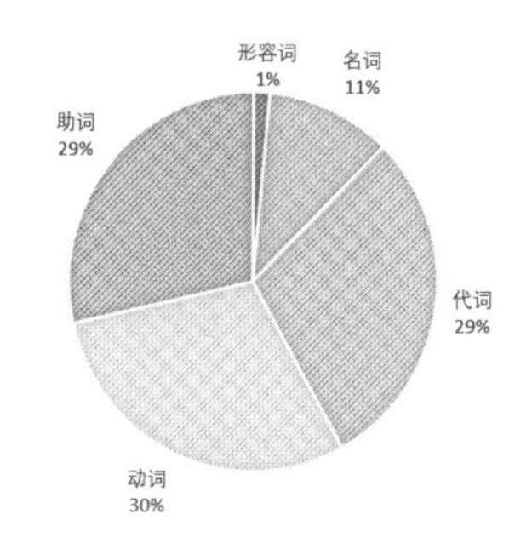

图 12.3　在训练集上的词频率

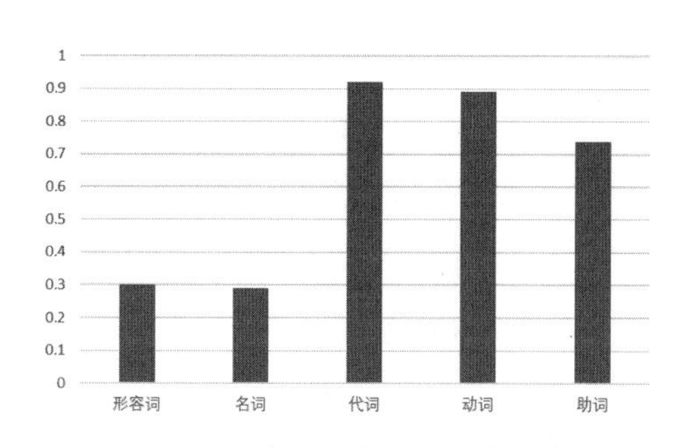

图 12.4　在训练集上的词准确率

/ 本章小结 /

手语识别与翻译是一个多领域交叉的研究方向，涉及计算机视觉、机器学习、语言学等多个学科，其研究及社会意义极为重要。手语作为一种复杂的语言形式，其识别与翻译不仅需要理解手势动作，还需要理解动作背后的语义和语境。此外，手语识别与翻译研究还面临着技术及数据方面的制约，如数据量不足导致的模型过拟合问题以及模型过于复杂导致的实时性不足问题。为了解决这些问题，本章主要探究了基于多模态序列图嵌入的手语翻译方法。通过结合不同模态的数据，如视觉、音频和文本，以及图神经网络等深度学习技术，笔者旨在提高手语翻译的准确性和实时性。

然而，手语翻译与生成任务未来的发展仍然面临诸多挑战。首先，手语作为聋哑人与社会沟通的桥梁，在社交领域发挥着极其重要的作用，尤其对于聋哑群体参与正常交流有着极其重要的意义。因此，建立一个方便快捷的手语翻译系统对于提高听障人士的生活质量和社会参与度具有极其重要的意义。一个优秀的手语系统应该包括手语翻译、文本生成手语视频等多方面功能，以方便听障人士在日常沟通交流中使用。尽管目前手语翻译技术已取得了一定的发展，但大多数数据集仍然来自封闭实验室的收集，与正常生活环境中的手语存在一定的差距。因此，应实现自然化手语视频数据的丰富扩展，以便更好地研究手语识别与翻译。

总体来说，手语识别与翻译研究不仅具有重要的学术价值，而且对于提高听障人士的生活质量和社会参与度具有重要的社会意义。未来，我们需要进行更加深入的研究，以解决现有问题，并探索新的技术和方法，以实现更加高效和自然的手语翻译系统。

第十三章　文本生成语音技术

文本到语音转换技术，亦称为语音合成技术（text-to-speech, TTS），其起源可追溯至旨在辅助盲人和视力障碍者阅读文字的早期系统。在这一合成过程中，输入端为文本信息，即文字模态，而输出端则为听觉模态的语音信号。通过将文本信息转化为语音信号，TTS技术实现了语义信息和声音信息的同步传递，从而提供了一种更为丰富和 全面的信息表达方式。

随着人工智能（AI）技术的持续进步，TTS技术逐渐成为研究领域的焦点，并在多个领域得到广泛应用，如有声读物服务、汽车导航系统、自动应答服务等。与此同时，社会对TTS系统输出的语音自然度和准确性的要求也在不断提高，这促使研究者不断优化神经网络模型以满足这些需求。

最初的TTS实现方法采用了中间态转换的策略，即先将文本通过声学模型转化为中间表示，如语言学特征或声学特征，然后利用声码器（如wavenet）将这些中间表示转换为音频输出。然而，这种方法存在一定的局限性，如需要声学模型与声码器模型的相互配合，且两者需要分别独立训练。此外，前一模型产生的错误可能会累积至后续模型，从而影响整体语音合成的质量。

为克服这些缺陷，端到端模型应运而生。端到端模型能够直接从输入文本生成原始音频波形，无需中间表示，通过直接学习输入数据对（文本，音频波形）来实现。这种方法的优点在于能够在较短的时间内并行生成音频，并在不进行大量参数调整的情况下减轻误差累积。因此，端到端方法已成为当前TTS领域的主要研究方向。基于深度学习的端到端 TTS 系统逐渐成为行业主流，能够生成更加自然和流畅的语音。

以下将按照时间顺序，介绍几种代表性的端到端 TTS 模型：Tacotron 系列[193]模型（2017—2018 年）、Transformer TTS 模型（2019 年）以及 FastSpeech 系列模型（2019—2020 年）。这些模型在 TTS 技术的发展历程中起到了关键作用[194]，推动了语音合成技术的不断进步。

一、常用文本生成语音方法介绍

（一）Tacotron 系列

TTS 是将一段文本序列转化为声音特征序列，所以语音合成可以看成一个序列到序列的问题。解决序列到序列问题比较经典的一个模型结构就是 encoder-decoder，还可以在原有的基础上增加注意力机制。这种模型最早在机器翻译中提出，现在已经是自然语言处理中非常流行的一个模型，在语音识别中也有应用。在 Tacotron 系列中也采用了这一设计。

Tacotron 系列包括 Tacotron、Tacotron 2 以及 Tacotron 2v2，后两者是基于 Tacotron 的改进得到的。Tacotron 模型是由 Google Brain 团队开发的文字合成语音模型。从整体上来看，它是一个带有注意力机制的 seq2seq 模型，由一个编码器、一个解码器以及一个后处理网络构成。Tacotron 模型结构如图 13.1 所示。

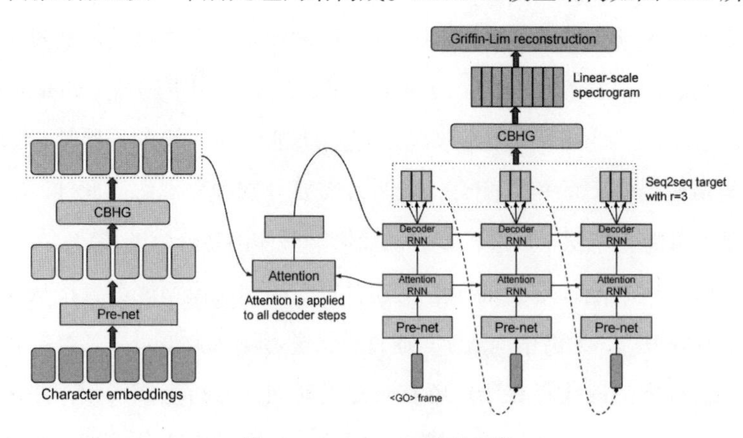

图 13.1　Tacotron 模型结构

Tacotron 模型的语音合成过程可以分为以下几个关键步骤。

首先，Tacotron 模型通过字符编码器（character embedding）层将输入的文本序列转化为向量表示。这一过程涉及两个主要组件：非线性变换网络（pre-net）层和 CBHG（convolutional bank of gated recurrent units）模块。Pre-net 层对输入字符进行初步的向量转换，并引入非线性激活函数以增强模型的表达能力。CBHG 模块则受到机器翻译任务的启发，由一维卷积层（conv1d）、门控循环单元（GRU）以及双向循环神经网络（bidirectional recurrent neural network, BiRNN）组成，这一模块能有效提取序列中的深层特征。实证研究表明，CBHG 模块的集成显著降低了模型的过拟合风险，并减少了错误发音的发生。

其次，在解码阶段，Tacotron 模型采用了注意力机制来动态地聚焦于经过编码器处理后的文本序列的不同部分。这种方法允许模型在生成声学特征时，根据输入文本的不同区域进行加权，从而更精确地映射文本与声音之间的关系。解码器采用循环神经网络（RNN）结构，结合前一时间步的输出和通过注意力机制获得的上下文信息，逐步构建声学特征序列，该序列通常表现为 80 波段的梅尔尺度谱图。此外，该模型还实现了文本序列与语音信号之间的对齐。

最后，Tacotron 模型通过后处理网络对解码器的输出进行进一步处理。这一步骤涉及将解码器生成的声学特征再次通过一个 CBHG 模块，以转换成适合波形合成的表示。CBHG 模块的设计允许它从正向和反向两个方向预测谱图，从而减少预测误差。模型最终采用 Griffin-Lim 算法来合成音频波形。然而，需要注意的是，Griffin-Lim 算法仅作为一个简单且临时的替代方案，用于神经网络声码器的波形生成。因此，尽管 Tacotron 模型能够产生相对自然的语音，但使用更先进的声码器技术仍有潜力进一步提升语音合成的质量。

Tacotron 2 是 Tacotron 模型的改进版本，它在原有基础上引入了预训练的 Wavenet 模型作为声码器，替代了原始 Tacotron 模型中使用的 Griffin-Lim 算法。这一改进显著提升了合成语音的质量，因为 Wavenet 模型能够生成更加自然和逼真的音频波形。与 Griffin-Lim 算法相比，Wavenet 模型在声码器方面的表现更为优越。

除了声码器的替换，Tacotron 2 还对 Tacotron 模型的结构进行了一些优化和简化。具体来说，Tacotron 2 在编码阶段移除了 CBHG 模块，转而采用由 3 个卷积层和长短期记忆网络（LSTM）组成的结构来处理输入文本。这种结构简化了模型，同时保持了特征提取的有效性。如图 13.2 所示，这种改动使得模型在保持性能的同时，减少了计算复杂度。在解码阶段，Tacotron 2 采用了 5 层卷积神经网络（CNN）来进一步优化生成的摩尔尺度谱图。这一步骤有助于提高声学特征的精确度，从而合成更加高质量的语音。

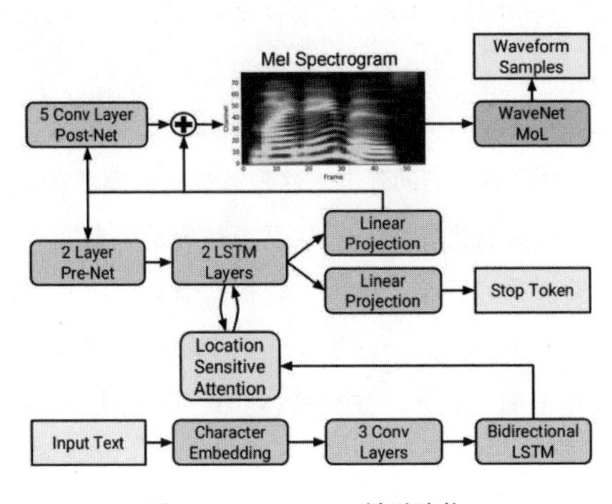

图 13.2　Tacotron2 模型结构

尽管 Tacotron 2 在 Tacotron 的基础上进行了一系列的优化，但两者在整体结构上仍然保持一致，均属于自回归模型。这意味着在解码过程中，每个时间步的输出都依赖之前时间步的解码信息，这限制了模型的并行计算能力，影响了合成速度。为了解决自回归模型在并行计算方面的局限性，在随后几年中，研究界提出了多种新型的 TTS 模型。这些模型旨在提高合成效率，同时保持或提升语音质量，从而推动了文本到语音合成技术的进一步发展。

（二）Transformer TTS

Transformer 是一种序列到序列（Seq2Seq）架构，最初用于神经机器翻译（NMT），并在自然语言处理任务中迅速取代了循环神经网络（RNN）。

Li 等人[195]将 Transformer 架构以及 Tacotron 的结构进行结合，得到了 Transformer TTS 模型。

如图 13.3 所示，Transformer 模型的设计完全依赖注意力机制，摒弃了传统的循环和卷积操作。该模型由多个编码器和解码器堆叠而成，每个编码器和解码器均由两个主要神经网络模块构成：一个是多头注意力网络（masked multi-head attention），另一个是前馈神经网络（FFN）。在解码器部分，还额外引入了一个掩蔽多头注意力网络。这种结构设计有效地解决了循环神经网络（RNN）在处理序列数据时存在的并行处理能力不足的问题。在 RNN 中，当前的隐藏状态是通过依次处理前一个隐藏状态和当前输入来构建的，这在很大程度上限制了模型的并行处理能力。

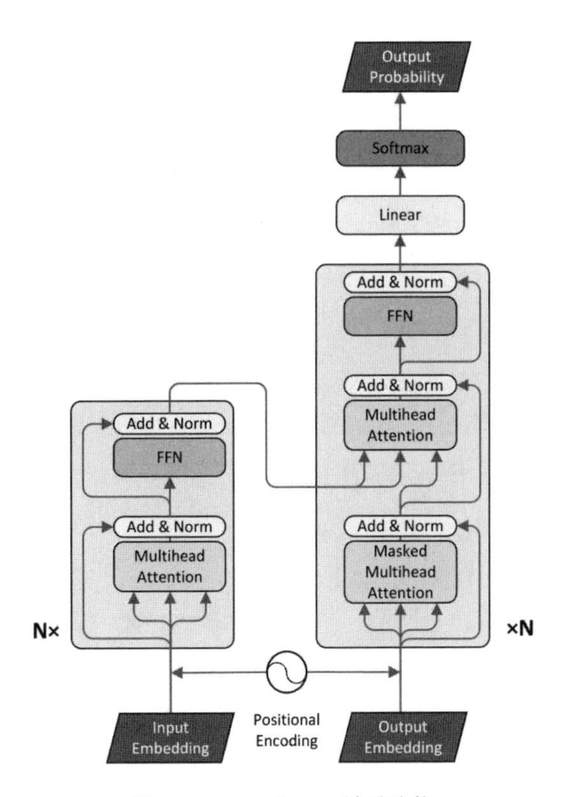

图 13.3　Transformer 模型结构

如图 13.4 所示，Transformer TTS 模型在结构上大量继承了原始 Transformer 模型的框架。Transformer TTS 通过采用 Transformer 的核心组件，即多头注意力机制和前馈神经网络，来实现对文本序列到声学特征序列的转换。这种继承使得 Transformer TTS 能够利用 Transformer 的优势，如长距离依赖关系的有效建模和高度的并行计算能力，从而在文本到语音合成任务中展现出优异的性能。通过这种结构，Transformer TTS 不仅提高了合成效率，还有助于生成更加自然和流畅的语音输出。

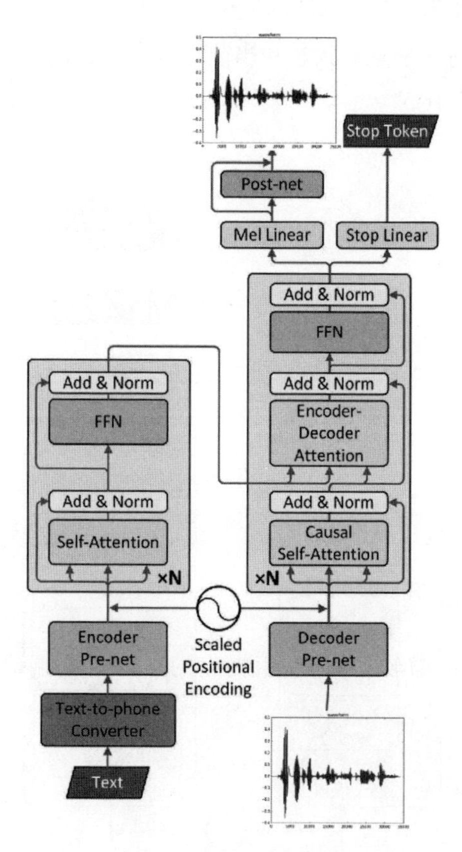

图 13.4　Transformer TTS 模型结构

本研究针对基于 Transformer 架构的语音合成任务进行了以下几项改进：

首先，为了更好地学习英语发音的规律性，作者在 Transformer 编码器之前加入了一个文本到音素的转换器。该转换器的作用是将输入的文本序列转换为音素序列，从而捕捉发音的规则性。在此基础上，还增加了一个与 Tacotron 2 中类似的 Pre-Net 网络，该网络由 3 层卷积神经网络（CNN）、批处理归一化（batch normalization）以及 ReLU 激活层组成，用于对音素序列进行进一步的预处理。值得注意的是，在 ReLU 激活层之后以及退出层（dropout layer）之前，引入了一个线性投影层，其目的是将 ReLU 的输出范围从［1, +∞）调整到［-1, 1］，以便于在三角形嵌入中更好地整合关于帧的相对位置和绝对位置信息。

其次，在 Transformer 解码器的输入部分，同样引入了一个 Pre-Net 网络，以实现文本和语音的并行训练。该 Pre-Net 首先将 80 维的梅尔声谱图转换为 512 维的向量。这里的 Pre-Net 是一个三层的全连接网络，其后续的输出部分设计与 Tacotron 2 保持一致。

综上所述，Transformer TTS 模型通过采用 Transformer 的多头注意力机制，替代了 Tacotron 2 中的循环神经网络（RNN）结构及其原有的注意力机制。这种改进并行地构造了编码器和解码器中的隐藏状态，显著提高了训练效率。然而，尽管 Transformer TTS 在结构上进行了优化，它仍然属于自回归模型。这意味着在生成语音的过程中，每一步骤都依赖之前已生成的输出，这可能导致模型在推理阶段速度较慢，并且存在错误累积的问题。

（三）FastSpeech 系列

FastSpeech 是由微软在 2019 年提出的一种端到端语音合成模型，其设计理念与 Transformer TTS 模型相似。该模型的输入为文本（或音素）序列，通过非自回归的生成方式直接输出梅尔频谱[196]。与自回归序列生成方法不同，FastSpeech 能够并行生成整个序列，而不依赖先前生成的元素，这显著提高了模型的推理速度。在 FastSpeech 中，还引入了时间预测器和长度调节器，以进一步增强生成过程的精确性和灵活性。总体而言，FastSpeech 在生成速度、鲁棒性和可控性方面均表现优异，相比传统自回归模型具有显著优势。

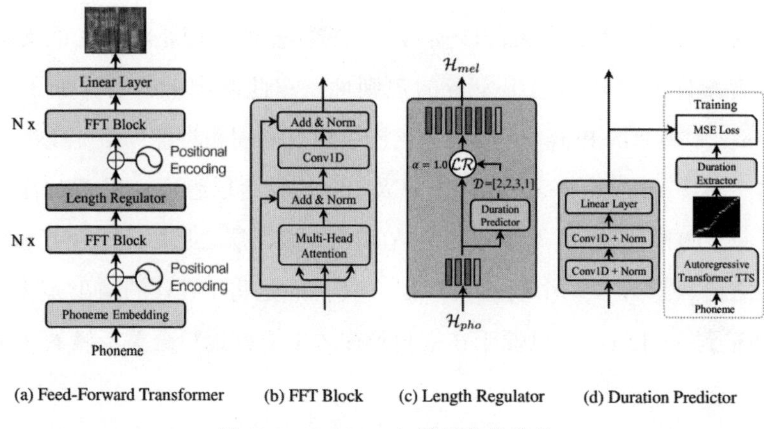

图 13.5 FastSpeech 模型整体结构

如图 13.5（a）所示，FastSpeech 模型的总体架构是由多个 FFT 模块［如图 13.5（b）所示］堆叠而成，其中，FFT 模块是基于 Transformer 和一维卷积网络的自注意力前馈结构。每个 FFT 模块包含一个自注意力网络和一个一维卷积网络。自注意力网络采用多头注意力机制，旨在提取序列中的交叉位置信息。在语音合成任务中，相邻的隐藏状态在字符、音素和梅尔谱图序列之间存在紧密的相关性，因此，FFT 模块采用了一个带有 ReLU 激活函数的两层一维卷积网络来进一步处理这些隐藏状态。

在堆叠的 FFT 模块之间，模型引入了一个长度调节器［如图 13.5（c）所示］。长度调节器的目的是解决前馈神经网络结构中音素序列与梅尔谱图序列长度不匹配的问题，并允许模型控制合成语音的速度和韵律。在实际应用中，音素序列的长度通常短于梅尔谱图序列的长度。因此，本研究将音素对应的梅尔谱图长度定义为音素持续时间。基于音素持续时间的概念，长度调节器对音素序列中每个音素对应的隐藏状态进行扩展，以确保隐藏状态的总长度与梅尔谱图的长度相匹配，其表达式（13–1）如下：

$$\mathcal{H}_{\mathrm{mel}} = \mathcal{LR}\left(\mathcal{H}_{\mathrm{pho}}, \mathcal{D}, \alpha\right) \tag{13–1}$$

如图 13.5（d）所示，在 FastSpeech 模型的长度调节器中，包含一个用于预测音素持续时间的持续时间预测器。该预测器由一个带有 ReLU 激活函数的两层一维卷积网络构成，并通过最后一层的线性层输出预测结果。在训练过程中，该持续时间预测器与 FastSpeech 模型一同进行训练，且在预测时间长度时，采用对数域中的均方误差损失函数。用于训练的预测数据来源于一个自回归的 teacher TTS 模型，该模型提供了真实的音素持续时间。

FastSpeech 模型在语音合成质量上几乎与自回归的 Transformer TTS 模型相媲美，同时在梅尔谱图生成速度上实现了 270 倍的提升，以及在端到端语音合成速度上实现了 38 倍的增长。此外，该模型显著减少了单词跳过和重复的问题，并能够平滑地调整语音速度。

在 FastSpeech 模型的后续版本 FastSpeech2 中[197]，模型训练不再依赖“教师—学生训练方法”（teacher-student training paradigm），而是直接采用真值训练（ground-truth）方法。这种方法有效减少了训练所需的时间。与 FastSpeech 相比，FastSpeech2 能够直接从文本生成语音，省略了梅尔频谱的生成步骤，并且在合成语音的质量上也有所提升。这一改进不仅优化了模型的训练效率，还进一步提高了语音合成的整体性能。

二、实验对比

（一）MOS 分数与数据集

在早期，语音质量的评价主要依赖主观感知。具体而言，人们通过电话通话过程中的人耳听觉来直观判断语音质量的好坏。为了量化这一过程，国际电信联盟（International Telecommunication Union, ITU）在 1996 年发布了 ITU-T P.800 和 P.830 建议书，正式提出了语音质量评价的标准化方法，即平均意见得分（mean opinion score，MOS）测试。

MOS 测试通过组织一组受试者对特定的音频或视频样本进行主观评分来实施。受试者根据个人的感知和体验，对样本的整体质量给出评分。这些评分经过平均处理后，得到样本的 MOS 分数。MOS 分数通常采用一个固定范围的数值，例如从 1 到 5，其中，1 代表“非常差”的质量，而 5 则代表“非常好”的质量。

MOS 分数越高，表明受试者对音频或视频样本的质量感知越佳。

在语音合成领域，常用的公开数据集包括以下几种。

1.LJ Speech 数据集

该数据集包含了 13,100 个短音频片段，由单一演讲者阅读 7 本非小说类书籍的段落构成，总时长约为 24 小时。音频片段的长度介于 1~10 秒。音频采用 16 位 PCM 格式，采样率为 22 kHz。

2.VCTK 数据集

该数据集包含了 110 名不同口音的英语使用者的语音数据。每位演讲者阅读了大约 400 个来自报纸的句子。音频同样采用 16 位 PCM 格式，但采样率为 44 kHz。

3.LiBriTTS 数据集

LiBriTTS 是一个多说话者的英语语料库，包含了大约 585 小时的阅读语音，采样率为 24 kHz。语音样本在句子中断处进行分割，并附有演讲的原始文本。

4.Blizzard 数据集

该数据集由一名女性演员阅读，包含了 315 小时的英语语音。音频采用 16 位 PCM 格式，采样率为 16 kHz。

这些数据集为语音合成研究提供了丰富的资源，使得研究者能够对不同的语音合成模型进行训练、测试和比较。

（二）模型对比

在所有模型都使用梅尔谱图以及 WaveGlow 声码器的结构基础上，表 13.1 列举了三种模型在 95% 置信区间上的 MOS 分数（Tacotron 使用的是 G-L 算法，未列出），可以看出三种模型的性能相差不大。

表 13.1　各模型 MOS 分数对比

模型（Mel + WaveGlow）	MOS 分数
Tacotron2	3.86 ± 0.09
Transformer TTS	3.88 ± 0.09
Fast Speech	3.84 ± 0.08

此外，Tacotorn 模型的 MOS 分数为 3.82 ± 0.085。当使用 WaveNet 作为声码器，并使用 1025 维线性谱图和 80 维梅尔谱图作为 WaveNet 的条件输入时，Tacotron2 的最佳 MOS 分数可达 4.526 ± 0.066。对于 Transformer TTS，最佳分数可达 4.47 ± 0.05，进行不同的消融实验，分数均有不同程度的下降。

/ 本章小结 /

本章主要探讨了基于深度学习的手语翻译技术。随着人工智能（AI）技术的不断发展，文本到语音（TTS）合成技术已成为研究领域的热点之一。然而，在 TTS 模型的应用过程中，研究者们遇到了若干挑战，例如如何生成自然流畅的语音以及如何提高模型的效率和鲁棒性[198]。

为了应对这些挑战，研究界提出了端到端的 TTS 模型，这些模型旨在直接从文本输入生成语音输出，无需中间表示，从而提高了语音的自然度和流畅性。本章详细介绍了几种典型的 TTS 模型，包括 Tacotron 系列模型、Transformer TTS 模型以及 FastSpeech 系列模型等。这些模型在 TTS 技术的演进中扮演了关键角色，推动了语音合成技术的显著进步。

此外，为了评估和比较这些模型的性能，本章进行了实验对比分析，探讨了不同模型在语音合成质量、效率等方面的优势和局限性。同时，本章还介绍了一些在语音合成研究中常用的数据集，这些数据集为模型的训练、验证和测试提供了宝贵的资源。

总体来说，本章不仅对手语翻译技术进行了全面的介绍，还深入分析了 TTS 技术的发展趋势，以及典型模型的结构和性能，为该领域的研究者和工程师提供了有价值的参考和洞见。

第十四章 自动驾驶场景下多模态视觉问答

本研究提出了一种新的视觉问答（visual question answering, VQA）任务，其目标在于利用街景图像中的线索来回答自然语言形式的问题。该任务在自动驾驶背景下提出，面临着多重挑战[199]。首先，原始视觉数据包含多种模态，既有由相机捕获的图像，也有由激光雷达（LiDAR）获取的点云数据。其次，数据采集是实时且连续的，意味着每个场景都是由多个连续帧组成的。最后，室外环境中的场景包含了移动的前景对象和静态的背景元素，这增加了问题的复杂性。现有的 VQA 基准测试未能充分应对这些挑战[200]。为了解决这一问题，本研究提出了 NuScenes-QA，这是自动驾驶领域中首个 VQA 基准。NuScenes-QA 包含 34,000 个视觉场景和 460,000 个问答对。为了构建这一基准，笔者利用现有的 3D 检测注释来生成场景图，并手动设计了问题模板。基于这些模板，笔者以编程方式生成了大量的问答对。通过对 NuScenes-QA 的综合统计分析，笔者证实了它是一个平衡且大规模的基准，涵盖了多种问题格式。在此基础上，笔者开发了一系列采用先进 3D 检测和 VQA 技术的基线模型。通过广泛的实验，笔者揭示了这项新任务所带来的挑战，并为未来的研究提供了方向[201]。NuScenes-QA 的提出不仅填补了自动驾驶场景下 VQA 研究的空白，而且为相关领域的模型评估和算法创新提供了重要的平台，有望推动自动驾驶技术的进一步发展。

一、自动驾驶场景下多模态视觉问答介绍

自动驾驶技术通过集成先进的计算机系统与各类传感器，旨在实现车辆的完全自主驾驶能力。这种技术的核心在于使车辆能够在没有人类驾驶员干预的情况下，安全、高效地完成导航任务，同时能够有效地识别和规避障碍物，并遵守交通规则。随着传感器技术、计算机视觉以及人工智能的不断进步，自动驾驶技术在提升交通安全性、运输效率和可达性方面展现出了巨大的潜力[202]。

当前，3D 物体检测和跟踪技术已经取得了显著的进展，这使得自动驾驶技术的挑战正逐渐从传统的感知问题转向对系统可解释性和可信性的需求。在这种情况下，视觉问答（VQA）技术扮演着关键角色。VQA 通过问答的形式验证了感知系统的性能，提高了系统的可解释性。此外，VQA 系统还能作为训练数据的过滤器，不仅降低了标注成本，还提升了感知系统的性能。VQA 的互动性和娱乐性也增强了用户的体验和参与度。

尽管 VQA 技术在近年来取得了显著的发展，但在训练模型时使用的数据集并不完全适用于自动驾驶场景的复杂性[203]。这种不匹配主要源于自动驾驶场景与现有 VQA 基准数据集在视觉数据方面的差异。简单来说，现有的 VQA 模型在解决自动驾驶场景的问题时可能会遇到一些困难，因为这些模型训练的数据集与实际自动驾驶场景的特点不太匹配。因此，在多模态、多帧和室外场景的背景下探索 VQA 变得尤为重要。

例如，虽然 3D-VQA（三维视觉问答）和自动驾驶场景都侧重于理解对象的结构和空间关系，但 3D-QA 仅限于单模态（点云）、单帧和静态室内场景。其他基准测试，如 VideoQA 和 EmbodiedQA，也存在类似的局限性。为了填补这一空白，本章构建了第一个专为自动驾驶场景设计的多模态 VQA 基准，名为 NuScenes-QA。NuScenes-QA 在视觉数据特征方面与所有其他现有 VQA 基准显著不同，这为 VQA 社区带来了新的挑战，如图 14.1 所示。与其他数据集不同，NuScenes-QA 是一个多模式、多帧、户外数据集，现有基准未完全捕获该数据集。

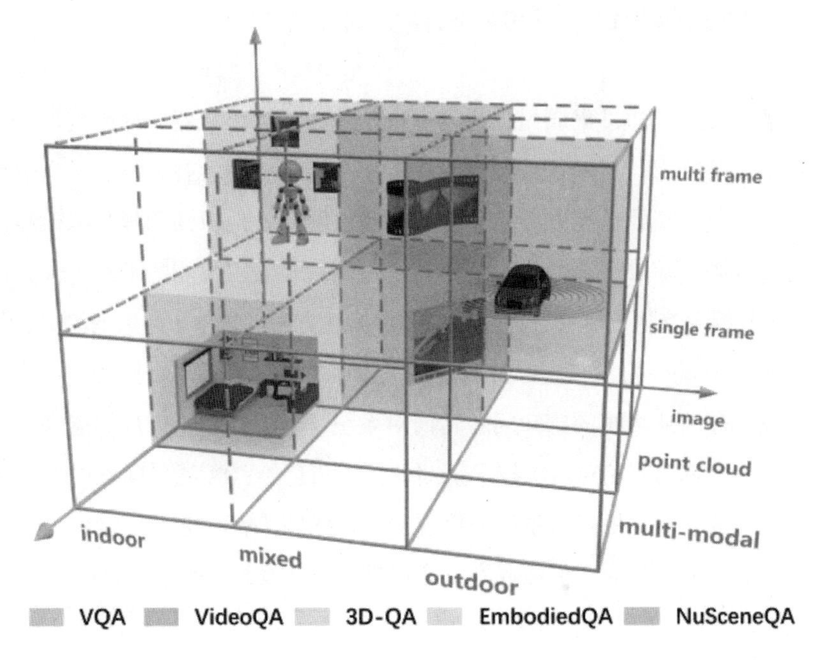

图 14.1　NuScenes-QA 在视觉数据方面与其他视觉问答（VQA）基准显著不同

二、相关工作

（一）视觉问答

视觉问答（VQA）技术是一种跨学科的研究领域，它结合了计算机视觉和自然语言处理（NLP）技术，旨在使计算机能够理解图像内容并能够针对图像提出的问题给出自然语言形式的答案。VQA 系统通过分析图像中的视觉信息，结合问题中的文本信息，实现对图像内容的深入理解，并生成相应的语言描述。

VQA 技术的研究依赖多种可用的数据集，这些数据集根据其来源和内容可以分为两大类：基于图像的数据集和基于视频的数据集。基于图像的数据集包括 VQA2.0、CLEVR 和 GQA 等，这些数据集提供了丰富的图像和与之相关的自然语言问题，为 VQA 模型的训练和评估提供了宝贵的资源。基于视频的数据集，如 TGIF-QA 和 TVQA，则侧重于视频内容的理解和回答问题，这要求 VQA 模型能够处理动态的视频序列，并从中提取有效的信息。

在基于图像的 VQA 模型中，早期的研究工作主要集中在使用卷积神经网络（CNN）来提取图像特征，并使用循环神经网络（RNN）来处理问题。随着研究的深入，一些更为先进的模型被提出，这些模型能够更好地理解和关联图像与问题，从而生成更加准确的答案。通过这些模型的训练和优化，VQA 技术在智能助理、自动驾驶、医疗诊断等多个领域展现出广泛的应用潜力，有望为这些领域的发展提供强有力的支持。

（二）3D 视觉问答

3D 视觉问答（3D visual question answering，3D VQA）是一种新兴的研究领域，它将三维场景理解与自然语言处理技术相结合，旨在使计算机能够理解三维空间中的场景并能够针对场景提出的问题给出自然语言形式的答案。与传统的 2D 视觉问答不同，3D VQA 任务涉及对三维场景的深入理解和推理，这包括物体的位置、形状、大小等方面的信息。

在 3D VQA 任务中，计算机需要处理的是三维场景中的物体和它们之间的空间关系，而不仅仅是二维图像中的视觉特征。这种对三维场景的理解和推理能力对于解决复杂的问题至关重要，例如在虚拟现实（VR）、增强现实（AR）、智能导航等领域，这些场景需要计算机能够理解三维空间中的物体及其关系，并能够准确地回答与场景相关的问题。

为了实现 3D VQA，研究人员需要融合三维场景的视觉特征和自然语言问题的语义信息。通过这种方式，计算机能够更深入地理解场景，并生成准确的自然语言答案。随着 3D VQA 技术的不断发展和完善，它在上述领域的应用前景将越来越广泛，有望为这些领域的发展提供强有力的支持。

（三）自动驾驶中的视觉语言任务

自动驾驶中的视觉语言任务是一种跨学科的研究方向，它融合了计算机视觉和自然语言处理（NLP）技术，旨在使自动驾驶车辆能够理解其周围道路环境的图像信息，并通过自然语言交互方式与乘客或其他车辆进行有效沟通[204]。这一任务的核心在于使车辆能够准确识别道路上的各种物体，如交通标志、车辆、行人等，并将这些信息转化为自然语言描述，以便于与人类用户进行交流。具体来说，视觉语言任务要求自动驾驶系统能够理解诸如道路状况、行驶路线等问题，并能够以自然语言的形式给出准确的回答。通过这种方式，自动驾驶系统不仅能够提高对周围环境的理解能力，还能够增强其交互能力，从而实现更安全、智能的驾驶体验，并为乘客提供更为舒适和便捷的驾乘体验[205]。

NuScenes-QA 是一个专为自动驾驶场景设计的多模态视觉语言任务基准，与现有作品相比，其差异性表现在以下几个方面。

1. 复杂性和推理能力

相较于仅依赖视觉基础和跟踪技术，NuScenes-QA 的任务更为复杂，要求模型不仅具备理解能力，还需要具备推理能力。这意味着模型需要能够从复杂的三维场景中提取关键信息，并进行逻辑推理，以回答各种类型的问题。

2. 视觉信息的丰富性

NuScenes-QA 提供了更加丰富的视觉信息，包括图像和点云数据。这些数据为模型提供了更多元化、全面的输入，从而提升了解决问题的准确性和鲁棒性。相较于传统的仅依赖图像或点云数据的模型，NuScenes-QA 能够更好地处理复杂的三维场景，并生成更为准确的答案。

NuScenes-QA 的提出为自动驾驶领域的视觉语言任务研究提供了新的挑战和机遇。它不仅填补了现有研究在多模态、多帧和室外场景方面的空白，还为相关领域的模型评估和算法创新提供了重要的平台，有望推动自动驾驶技术的进一步发展。

三、NUSCENES-QA 数据集

（一）数据构建

在本研究中，笔者采用了一种自动化方法来生成 NUSCENES-QA 数据集中的问答对。这一方法依赖两种类型的结构化数据：首先，利用从 3D 注释生成的场景图，这些场景图包含了对象的种类、位置、方向以及它们之间的关系等关键信息。这些信息对于理解三维场景至关重要。其次，设计了一系列问题模板，

这些模板规定了问题的类型、期望的答案以及需要进行的推理过程。通过结合这些详细信息，自动生成了问题和答案对。问题模板确保了问题的多样性和相关性，而答案则基于对场景图的理解和推理得出。为了确保数据集的完整性和准确性，笔者利用后处理程序对生成的问答对进行了筛选和验证。这一步骤对于去除噪声数据和提高数据质量至关重要。

图 14.2 详细展示了整个数据构建流程，首先，使用带注释的对象标签和 3D 边界框生成场景图。其次，笔者手动设计问题模板，并用它们实例化问答对。最后，根据一定的规则对生成的数据进行过滤。通过这一流程，笔者成功地构建了一个包含丰富视觉信息和问题模板的 NUSCENES-QA 数据集，为自动驾驶领域的视觉语言任务研究提供了宝贵的资源。

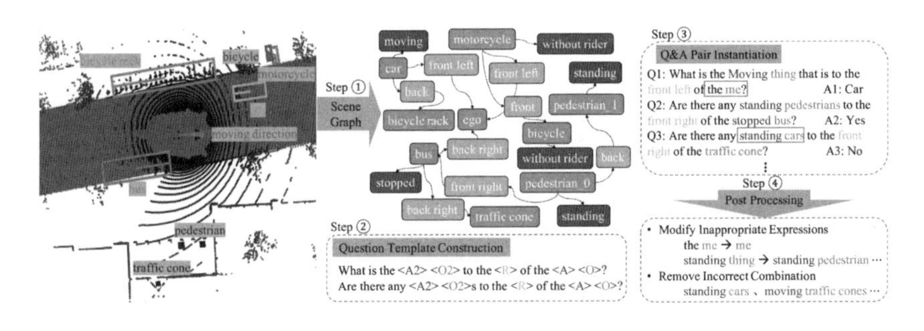

图 14. 2　NuScenes-QA 的数据构建流程

在 NuScenes 数据集中，每秒钟仅有 2 帧图像被标注，这些帧被称为“关键帧”，并且每个关键帧被视为 NuScenes-QA 中的一个“场景”。这些标注包括了场景中物体的类别、属性以及它们的 3D 边界框。然而，这些标注并未涵盖物体之间的空间关系。为解决这一问题，笔者设置了规则以计算物体之间的关系。考虑到空间位置关系在自动驾驶场景中的重要性，笔者定义了六种常见的物体关系：前、后、左前、右前、左后和右后。为了确定这些关系，首先将物体的 3D 边界框投影到鸟瞰视图空间中，然后计算相对于本车前进方向的角度。这些空间关系是通过特定的角度范围来定义的。计算角度的公式（14-1）为：

$$\theta = \cos^{-1}\frac{\left(B_1[:2]-B_2[:2]\right)\times V_{\mathrm{ego}}[:2]}{\left\|B_1[:2]-B_2[:2]\right\|\left\|V_{\mathrm{ego}}[:2]\right\|} \quad (14\text{-}1)$$

其中，$B_i=[x,y,z,xsize,ysize,zsize,\alpha]$ 是对象 i 的 3D 边界框，并且 $V_{\mathrm{ego}}=[vx,vy,vz]$ 代表本车的速度。根据角度 a，两个对象之间的关系定义（14–2）为：

$$relation=\begin{cases} front if\ -30^{\circ}<\alpha\leqslant 30^{\circ} \\ frontleft if\ 30^{\circ}<\alpha\leqslant 90^{\circ} \\ frontright if\ -90^{\circ}<\alpha\leqslant -30^{\circ} \\ backleft if\ 90^{\circ}<\alpha\leqslant 150^{\circ} \\ backright if\ -150^{\circ}<\alpha\leqslant -90^{\circ} \\ back else \end{cases} \quad (14\text{-}2)$$

定义汽车的前进方向为 0°，逆时针方向为正方向。此时，笔者可以将 nuScenes 的注释转换为需要的场景图，如图 14.2 的步骤一所示。

（二）数据统计

NuScenes-QA 是一个基于 3D 场景的视觉问答数据集，它总共包含了 34,149 个视觉场景和 459,941 个问答对。其中，来自 28,130 个场景的 376,604 个问题被用于模型训练，而来自 6019 个场景的 83,337 个问题则用于模型测试。NuScenes-QA 是目前规模最大的 3D 相关问答数据集之一，其规模远远超过了其他纯 3D 数据集，如 ScanQA（含有 41,000 个带注释的问答对）。

图 14.3 展示了 NuScenes-QA 中问题和答案的统计分布。在图 14.3（a）中，我们可以观察到问题的长度范围很广，从 5 个单词到 35 个单词不等，且分布相对均匀。问题长度的多样性代表了问题的复杂性，这对模型提出了挑战，因为模型需要能够处理不同复杂度的问题。在图 14.3（b）和 3（c）中，我们可以看到答案和问题类别的分布。NuScenes-QA 的数据集是平衡的，这意味着各个答案的数量几乎均匀地分布在 0~10。平衡的数据集有助于防止模型学习答案偏差或者语言捷径，这在其他一些视觉问答基准测试中是很常见的。这样的平衡性

确保了模型能够更全面地学习，从而提高其在实际应用中的泛化能力。

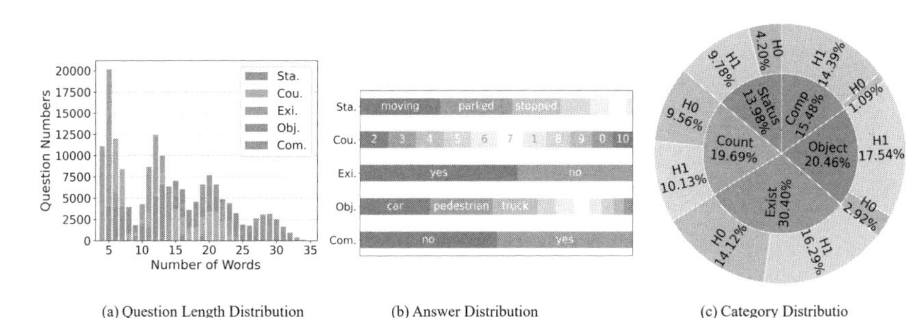

(a) Question Length Distribution　(b) Answer Distribution　(c) Category Distributio

图 14.3　NuScenes-QA 训练分组中问题和答案的统计分布

图 14.4 可视化了问题中前四个单词的分布，从中可以得出两个观察结果。首先，数据分布是平衡的。其次，问题涵盖多种视觉语义。为了回答这些问题，不仅需要了解行人、摩托车等对象类别，还需要了解它们的状态，例如移动或停车。问题中的语义复杂性也给模型带来了相当大的挑战。

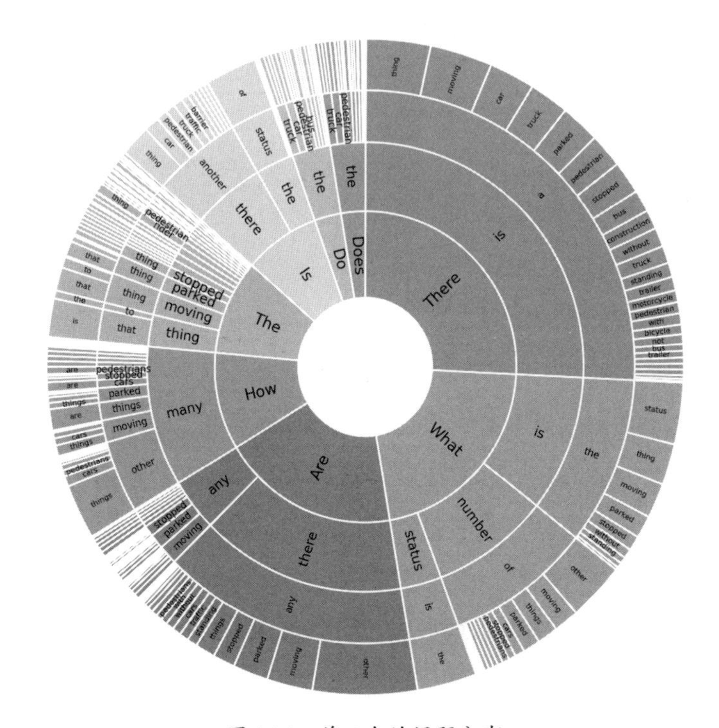

图 14.4　前四个的问题分布

四、研究方法

除了提出的数据集 NuScenes-QA 之外，笔者还提供了基于现有 3D 检测和 VQA 技术的多个基线。多视图图像和点云首先由特征提取主干处理以获得 BEV 特征。然后，根据检测到的 3D 边界框裁剪对象嵌入。最后，这些对象特征与给定的问题一起输入问答模块进行答案解码。

（一）任务定义

给定一个视觉场景 S 和一个问题 Q，视觉问答任务的目的是从答案空间 $A=\{a_i\},N_i=1$ 中选择一个最能回答问题的答案 $\hat{a}$。对于 NuScenes-QA 来说，由于其多模式和多帧性质，视觉场景的来源高度多样化。具体来说，S 由多视图图像 I 、点云 P 以及数据序列中当前关键帧之前的任何帧 I_i 和 P_i 组成。因此，任务可以表达式（14-3）为：

$$\hat{a}=\underset{a\in\mathcal{R}}{\arg max}\,P\left(a\mid S,Q\right) \tag{14-3}$$

我们可以进一步将 S 分解，其表达式（14-4）如下所示：

$$\begin{gathered}P\left(a\mid S,Q\right)=P\left(a\mid I,P,Q\right)\\ I=\{I_i,T-t<i\leqslant T\}\\ P=\{P_i,T-t<i\leqslant T\}\end{gathered} \tag{14-4}$$

其中，T 是当前帧的索引，t 是模型中使用的前一帧的编号。也可以仅使用单一模态数据，例如图像 I 或点云 P 。

（二）框架概述

本章提出的基线框架的总体结构如图 14.5 所示，主要由三个关键组件组成。第一个组件是特征提取主干，包括图像特征提取器和点云特征提取器。第二个组件是区域提议模块，负责生成对象嵌入。第三个组件 QA-head 组件负责生成答案预测。

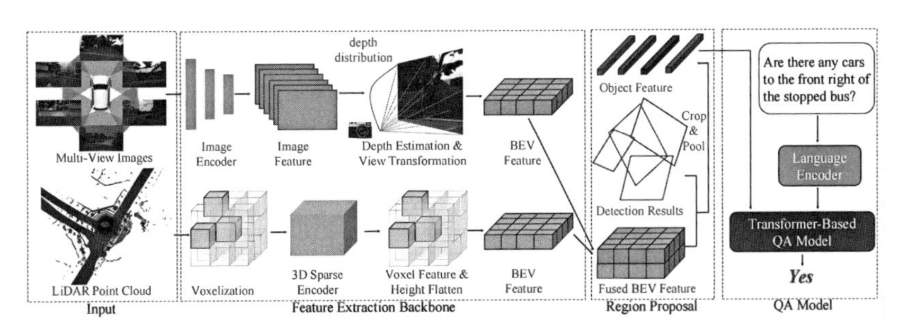

图 14.5　基线框架

在处理过程中，给定一个视觉场景，原始的自我汽车视图图像和点云数据首先被送入特征提取主干，特征随后被投影到公共鸟瞰视图（BEV）空间中。接着，利用预训练的检测模型生成的 3D 边界框在 BEV 空间中裁剪和池化特征，以获得 K 个目标提议特征。最终，QA 模型结合语言编码器提取的问题特征和对象特征，通过跨模态交互来预测答案。

（三）输入嵌入

对于一个包含 n_q 个单词的问题 $Q=\{\boldsymbol{W}_i\}_{i=1^{n_q}}$，首先将其进行标记化处理，并利用预训练的 GloVe 嵌入来初始化每个标记的词向量。接着，将这个标记化的序列输入到单层双向长短期记忆网络（bidirectional long short-term memory, BiLSTM）中，以进行单词级别的上下文编码。BiLSTM 通过前向和后向两个隐藏状态对每个单词进行编码，最终每个单词的特征 $\boldsymbol{W}_i$ 可以由 BiLSTM 的前向隐藏状态 $\overrightarrow{h_i}$ 和后向隐藏状态 $\overleftarrow{h_i}$ 的串联表示得到，公式（14–5）为：

$$\boldsymbol{W}_i=\left[\overrightarrow{h_i};\overleftarrow{h_i}\right]\in\Re^d \tag{14–5}$$

其中，问题嵌入表示为 $Q\in R^{n_q\times d}$。

1. 视觉特征提取

在本章中，笔者采用了最先进的 3D 检测技术来提取视觉特征，这一过程可以分为两个主要流：多视点相机图像和 LiDAR 点云。

对于多视点相机图像，笔者首先采用经典的 ResNet 作为特征提取的主干网络，并在此基础上添加了特征金字塔网络（feature pyramid network, FPN）以实现多尺度的 2D 图像特征提取。这种方法能够有效地捕捉图像中的细节和上下文信息。然后，为了使图像特征具有空间感知能力，笔者估计了图像中 2D 点的深度信息，并利用受 LSS（lidar semantic segmentation）启发的视图 transformer 将 2D 点提升为 3D 虚拟点。这一步骤使得图像特征能够更好地表示 3D 空间中的物体。最后，在体素空间中沿 Z 轴进行池化操作，得到压缩的 BEV（Bird' s-Eye View）特征图 $MI \in RH \times W \times dm$。

对于给定的 LiDAR 点云，首先将 3D 空间划分为一组 3D 体素，然后将原始点云转换为二进制体素网格。之后，应用 3D 稀疏卷积神经网络（3D sparse convolutional neural network）来学习体素网格的特征。与多视图图像特征提取类似，沿 Z 轴进行池化操作，以获得点云的 BEV 特征图 $MI \in RH \times W \times dm$。

通过将图像特征图 MI 和 LiDAR 特征图 MI 进行聚合，能够获得与许多检测工作相同的多模态特征图 $MI \in RH \times W \times dm$。这种多模态特征图融合了来自不同传感器的信息，从而为后续的 3D 检测任务提供了更为丰富和全面的特征表示。

2. 对象嵌入

在 2D 检测工作之后，裁剪并合并边界框中的特征作为对象嵌入。然而，与 2D 图像中与坐标轴对齐的标准边界框不同，当将 3D 框投影到 BEV 空间时，获得一组旋转框，这些旋转框无法通过标准 RoI Pooling 处理。因此，本节进行一些修改，具体步骤详见算法（14–6）所示。首先，投影检测到的 3D 框 $=[x, y, z, xsize, ysize, zsize, \varphi]$ 进入 BEV 特征空间：

$$x_m = \frac{x - R_{pc}}{F_v \times F_o} \tag{14–6}$$

其中，F_v、F_o 和 R_{pc} 分别表示体素因子、主干的尺寸因子和点云范围。除了航向角 φ 之外，盒子的所有参数都按照方程（14–6）转换到 BEV 空间。然后，根据边界框的中心和大小，可以轻松计算出四个顶点 $V = \{x_i, y_i\}$ 。接着，使用

航向角 φ 计算旋转后的顶点 V'，其表达式（14–7）为：

$$\begin{bmatrix} x_i^{'} \\ y_i^{'} \end{bmatrix} = \begin{bmatrix} \cos\varphi & -\sin\varphi \\ \sin\varphi & \cos\varphi \end{bmatrix} \begin{bmatrix} x_i \\ y_i \end{bmatrix} \quad (14\text{–}7)$$

最后，使用点积算法来确定像素是否属于旋转后的矩形。对矩形内所有像素的特征进行均值池化，以获得对象嵌入 $O \in RN \times dm$。其算法表达式如下所示：

Algorithm Object Feature Crop and Pooling	
1	# Input1：BEV feature map M （H*W*d）
2	# Input2：Detected 3D bounding boxes set B （N*7）
3	# Onput：Object Embedding O （N*d）
4	
5	**def** get_obj_embed（M，B）：
6	num_box，_ = B.shape
7	# project boxes into BEV space with Eq. 6
8	B = project_to_BEV（B）
9	obj_emb = [ ]
10	**for** obj_index **in range**（num_box）：
11	# rotate the box with Eq. 7
12	rotated_points = rotate_box（B [obj_index]）
13	# crop features within rotated box
14	feat = feat_in_quadrilateral（ rotated_points，M）　# [num_points，d]
15	feat = torch . mean（feat，dim=0）　# [d，]
16	obj_emb . append（feat）
17	
18	**return** torch . stack（obj_emb，dim=0）

五、实验

为了全面评估 NuScenes-QA 数据集的挑战性，本研究对其中的基准模型进行了细致的测试和分析。笔者对比了不同的基准设置，包括仅使用相机或仅使用激光雷达的单模态模型、相机—激光雷达融合模型以及不同的回答策略。此外，笔者还进行了一些关键步骤的分析，比如，对于 BEV 特征的裁剪和池化策略，考察了不同的裁剪和池化方法如何影响 BEV 特征的质量及其对最终模型性能的贡献。进一步，笔者研究了检测到的 3D 边界框对模型性能的具体影响，以了解如何优化 3D 边界框的检测来提升模型的效果。

（一）评估指标

在 NuScenes-QA 数据集中，问题根据查询的格式被划分为五类，以便于模型能够针对不同类型的查询进行针对性的处理和回答。这五类问题如下。

1. 存在问题

存在问题（Existence），这类问题询问特定对象是否存在于场景中。模型需要判断该对象是否被检测到，并给出“是”或“否”的回答。

2. 计数问题

计数问题（Counting），这类问题要求模型对满足特定条件的物体进行计数。模型需要理解问题的条件，并准确地识别和计数符合条件的物体。

3. 物体问题

物体问题（Object），这类问题测试模型识别场景中物体的能力。模型需要从众多物体中识别出特定的对象，并给出准确的回答。

4. 状态问题

状态问题（State），这类问题查询指定对象的状态。模型需要理解对象的状态信息，并给出准确的回答。

5. 比较问题

比较问题（Comparison），这类问题要求模型比较指定对象或其状态。模型需要理解比较的对象或状态，并给出准确的比较结果。

此外，问题还可以根据推理的复杂性分为两类：零跳问题（H0）和一跳问题（H1）。零跳问题是指模型可以直接从问题中获取答案，无需进行进一步的推理；一跳问题则需要模型在理解问题后，进行一定的推理才能得出答案。

为了评估不同问题类型的性能，笔者将 Top-1 准确率作为评估指标。这一指标衡量的是模型在回答问题时，给出正确答案的概率。笔者按照其他 VQA 工作的做法，对不同问题类型的性能进行了评估。通过这种方式，我们可以全面了解模型在不同类型问题上的表现，并为模型优化提供依据。

（二）实施细节

为了进行特征提取，笔者使用了经过预训练的检测模型，并且采用了 ResNet-50 作为图像编码器，使用 VoxelNet 作为 LiDAR 编码器。对于 BEVDet，设置了体素大小为（0.1, 0.1, 0.2），点云范围为［-51.2, 51.2, -5.0, 51.2, 511.2, 3.0］。对于 CenterPoint 和 MSMDFusion，设置了体素大小为（0.075, 0.075, 0.2），点云范围为［-54.0, -54.0, -5.0, 54.0, 54.0, 3.0］。QA 模型的维度设置为 512，而 MCAN 采用了 6 层编码器—解码器版本。在训练方面，使用 Adam 优化器，初始学习率为 1e-4，并且每 2 个 epoch 减半一次。所有实验都在两个 NVIDIA GeForce RTX 3090 GPU 上进行，批量大小为 256。

（三）定量结果

在本研究中，笔者将任务分为三种不同的设置，以探究不同传感器组合对问答性能的影响。这三种设置如下。

1. 仅使用相机

在这一设置中，笔者关注的是如何仅通过相机捕获的图像来回答问题。为了评估这一设置下的问答性能，笔者选择了 BEVDet 作为基准模型。BEVDet 采用了一种创新的方法，将透视图特征编码到鸟瞰（BEV）空间中，这种方法与数据处理流程高度兼容，能够有效地利用图像信息来回答问题。

2. 仅使用 LiDAR

在这一设置中，笔者关注的是仅通过 LiDAR 点云数据来回答问题。为了评估这一设置下的问答性能，笔者选择了 CenterPoint 作为基准模型。CenterPoint 引入了基于中心的物体关键点检测器，它在检测精度和速度上表现出了优异的性能，能够有效地利用点云数据来回答问题。

3. 相机与 LiDAR 结合

在这一设置中，笔者关注的是如何结合相机和 LiDAR 数据来回答问题。为了评估这一设置下的问答性能，笔者选择了 MSMDFusion 作为基准模型。MSMDFusion 利用了激光雷达和相机之间的深度信息和细粒度跨模态交互，在 nuScenes 检测基准上取得了最先进的结果，能够有效地利用多模态信息来回答问题。

至于 QA 模型，笔者选择了两个经典的模型：BUTD 和 MCAN。BUTD 采用了自下而上和自上而下的注意力机制来计算图像中的显著区域，而 MCAN 则使用自注意力和交叉注意力模块来建模视觉语言特征的交互。为了验证 QA 模型的上限，笔者还使用了完美的感知结果，即真实标签。此外，笔者还设计了一个 Q-Only 基线模型，以研究语言偏差对性能的影响。Q-Only 可以被认为是一个忽略了视觉信息的盲模型，它仅依赖问题文本来回答问题。通过这些模型的比较和分析，我们能够更全面地了解不同设置下问答性能的差异，并为未来的研究提供指导。笔者评估整个测试分组以及不同问题类型的 top-1 准确性。H0 表示零跳，H1 表示一跳。C：相机，L：激光雷达。其结果如表 14.1 所示。

表 14.1　不同模型在 NuScenes-QA 测试集上的结果

Models	Modality	QA-Head	Exist			Count			Object			Status			Comparison			Acc
			H0	H1	All	H0	H1	All	H0	H1	All	H0	H1	All	H0	H1	All	
Q-Only	-	LSTM	81.7	77.9	79.6	17.8	16.5	17.2	59.4	38.9	42.0	57.2	48.3	51.3	79.5	65.7	66.9	53.4
BEVDet	C	BUTD	87.2	80.6	83.7	21.7	20.0	20.9	69.4	45.2	48.8	55.0	50.5	52.0	76.1	66.8	67.7	57.0
CenterPoint	L	BUTD	87.7	81.1	84.1	21.9	20.7	21.3	70.2	45.6	49.2	62.8	52.4	55.9	81.6	68.0	69.2	58.1
MSMDFusion	C+L	BUTD	89.4	81.4	85.1	25.3	21.3	23.2	73.3	48.7	52.3	67.4	55.4	59.5	81.6	67.2	68.5	59.8
GroundTruth	-	BUTD	98.9	87.2	92.6	76.8	38.7	57.5	99.7	71.9	76.0	98.8	81.9	87.6	98.1	76.1	78.1	79.2
BEVDet	C	MCAN	87.2	81.7	84.2	21.8	19.2	20.4	73.0	47.4	51.2	64.1	49.9	54.7	75.1	66.7	67.4	57.9
CenterPoint	L	MCAN	87.7	82.3	84.8	22.5	19.1	20.8	71.3	49.0	52.3	66.6	56.3	59.8	82.4	68.8	70.0	59.5
MSMDFusion	C+L	MCAN	89.0	82.3	85.4	23.4	21.1	22.2	75.3	50.6	54.3	69.0	56.2	60.6	78.8	68.8	69.7	60.4

续表

Models	Modality	QA-Head	Exist			Count			Object			Status			Comparison			Acc
			H0	H1	All	H0	H1	All	H0	H1	All	H0	H1	All	H0	H1	All	
GroundTruth	–	MCAN	99.6	95.5	97.4	52.7	39.9	46.2	99.7	86.2	88.2	99.3	95.4	96.8	99.7	90.2	91.0	84.3

/ 本章小结 /

在本研究中，笔者探讨了将视觉问答（VQA）技术应用于自动驾驶领域的可能性。在分析现有 VQA 基准与自动驾驶场景之间的差异后，笔者发现传统的 2D 和 3D VQA 数据集上的训练模型并不能直接适用于街景数据。这些数据集往往忽略了自动驾驶场景中特有的多模态特性，如动态对象、复杂的交通规则和环境感知。

鉴于此，笔者构建了第一个针对自动驾驶场景的大规模多模态视觉问答基准测试 NuScenes–QA。NuScenes–QA 的数据集是基于视觉场景图和问题模板自动生成的，包含 34,149 个视觉场景和 459,941 个问答对。这一数据集的设计充分考虑了自动驾驶场景中的多模态交互和复杂环境，为 VQA 模型在自动驾驶领域的应用提供了丰富的训练资源。

此外，笔者基于最新的 3D 检测和 VQA 技术为 NuScenes–QA 提供了一系列基线模型，并进行了大量的实验验证。这些实验结果为未来的研究提供了宝贵的经验和数据支持，有助于推动 VQA 多模态交互技术在自动驾驶领域的应用和发展。

笔者期望 NuScenes–QA 能够为自动驾驶领域的研究提供一个新的视角和基准，推动 VQA 多模态交互技术的发展，并为自动驾驶应用技术的进步作出贡献。

参考文献

[1] Baltrušaitis T, Ahuja C, Morency L P. Multimodal Machine Learning: A Survey and Taxonomy [J]. IEEE Transactions on Pattern Analysis and Machine Intelligence, 2018, 41(2): 423–443.

[2] Ngiam J, Khosla A, Kim M, et al. Multimodal Aeep Learning [C] // Proceedings of the 28th International Conference on Machine Learning (ICML–11). 2011: 689–696.

[3] Xu P, Zhu X, Clifton D A. Multimodal Learning with Transformers: A survey [J]. IEEE Transactions on Pattern Analysis and Machine Intelligence, 2023, 45(10): 12113–12132.

[4] Wang X, Chen G, Qian G, et al. Large–scale Multi–modal Pre–trained Models: A Comprehensive Survey [J]. Machine Intelligence Research, 2023, 20(4): 447–482.

[5] Wajid M A, Zafar A. Multimodal Fusion: A review, Taxonomy, Open Challenges, Research Roadmap and Future Directions [J]. Neutrosophic Sets and Systems, 2021, 45(1): 8.

[6] Rahate A, Walambe R, Ramanna S, et al. Multimodal Co–learning: Challenges, Applications with Datasets, Recent Advances and Future Directions [J]. Information Fusion, 2022, 81: 203–239.

[7] Guo W, Wang J, Wang S. Deep Multimodal Representation Learning: A

Survey [J]. IEEE Access, 2019, 7: 63373–63394.

[8] Nam W, Jang B. A Survey on Multimodal Bidirectional Machine Learning Translation of Image and Natural Language Processing [J]. Expert Systems with Applications, 2023: 121168.

[9] Kaur P, Pannu H S, Malhi A K. Comparative Analysis on Cross-modal Information Retrieval: A Review [J]. Computer Science Review, 2021, 39: 100336.

[10] Gao J, Li P, Chen Z, et al. A Survey on Deep Learning for Multimodal Data Fusion [J]. Neural Computation, 2020, 32(5): 829–864.

[11] Zadeh A, Liang P P, Morency L P. Foundations of Multimodal Co-learning [J]. Information Fusion, 2020, 64: 188–193.

[12] Duong S, Lumbreras A, Gartrell M, et al. Learning from Multiple Sources for Data-to-text and Text-to-data [C] // International Conference on Artificial Intelligence and Statistics. PMLR, 2023: 3733–3753.

[13] Kannan A V, Fradkin D, Akrotirianakis I, et al. Multimodal Knowledge Graph for Deep Learning Papers and Code [C] // Proceedings of the 29th ACM International Conference on Information & Knowledge Management. 2020: 3417–3420.

[14] Wang Q, Mao Z, Wang B, et al. Knowledge Graph Embedding: A Survey of Approaches and Applications [J]. IEEE Transactions on Knowledge and Ddata Engineering, 2017, 29(12): 2724–2743.

[15] Chen X, Jia S, Xiang Y. A Review: Knowledge Reasoning over Knowledge Graph [J]. Expert Systems with Applications, 2020, 141: 112948.

[16] Sun Z, Yang J, Zhang J, et al. Recurrent Knowledge Graph Embedding for Effective Recommendation [C] // Proceedings of the 12th ACM Conference on Recommender Systems. 2018: 297–305.

[17] Liu W, Zhou P, Zhao Z, et al. K-bert: Enabling Language Representation with Knowledge Graph [C] // Proceedings of the AAAI Conference on Artificial Intelligence. 2020, 34(03): 2901–2908.

[18] Zhao Y, Wang X, Chen J, et al. Time-aware Path Reasoning on Knowledge Graph for Recommendation [J]. ACM Transactions on Information Systems, 2022, 41(2): 1–26.

[19] Ma Y, Wang Z, Li M, et al. MMEKG: Multi–modal Event Knowledge Graph Towards Universal Representation Across Modalities [C] . Association for Computational Linguistics, 2022.

[20] Zhang Y, Dai H, Kozareva Z, et al. Variational Reasoning for Question Answering with Knowledge Graph [C] // Proceedings of the AAAI Conference on Artificial Intelligence. 2018, 32(1).

[21] Zhu X, Li Z, Wang X, et al. Multi–modal Knowledge Graph Construction and Application: A Survey [J] . IEEE Transactions on Knowledge and Data Engineering, 2022, 36(2): 715–735.

[22] Hwang I, Cha G, Oh S. Multi–modal Human Action Recognition Using Deep Neural Networks Fusing Image and Inertial Sensor Data [C] //2017 IEEE International Conference on Multisensor Fusion and Integration for Intelligent Systems (MFI). IEEE, 2017: 278–283.

[23] Gaikwad S K, Gawali B W, Yannawar P. A Review on Speech Recognition Technique [J] . International Journal of Computer Applications, 2010, 10(3): 16–24.

[24] Hinton G E. Deep Belief Networks [J] . Scholarpedia, 2009, 4(5): 5947.

[25] Mohamed A, Dahl G, Hinton G. Deep Belief Networks for Phone Recognition [C] // Nips Workshop on Deep Learning for Speech Recognition and Related Applications. 2009, 1(9): 39.

[26] Dahl G E, Yu D, Deng L, et al. Context–dependent Pre–trained Deep Neural Networks for Large–vocabulary Speech Recognition [J] . IEEE Transactions on Audio, Speech, and Language Processing, 2011, 20(1): 30–42.

[27] Abdel–Hamid O, Deng L, Yu D, et al. Deep Segmental Neural Networks for Speech Recognition [C] // Interspeech. 2013, 36: 70.

[28] Trentin E, Gori M. A Survey of Hybrid ANN/HMM Models for Automatic Speech Recognition [J] . Neurocomputing, 2001, 37(1–4): 91–126.

[29] Prabhavalkar R, Hori T, Sainath T N, et al. End–to–end Speech Recognition: A Survey [J] . IEEE/ACM Transactions on Audio, Speech, and Language Processing, 2023.

[30] Kheddar H, Hemis M, Himeur Y. Automatic Speech Recognition Using

Advanced Deep Learning Approaches: A survey ［J］. Information Fusion, 2024: 102422.

［31］Hao M, Mamut M, Yadikar N, et al. A Survey of Research on Lipreading Technology ［J］. IEEE Access, 2020, 8: 204518–204544.

［32］Abdu S A, Yousef A H, Salem A. Multimodal Video Sentiment Analysis Using Deep Learning Approaches, a Survey ［J］. Information Fusion, 2021, 76: 204–226.

［33］Song Q, Sun B, Li S. Multimodal Sparse Transformer Network for Audio-visual Speech Recognition ［J］. IEEE Transactions on Neural Networks and Learning Systems, 2022, 34(12): 10028–10038.

［34］Ivanko D, Ryumin D, Kashevnik A, et al. Visual Speech Recognition in a Driver Assistance System ［C］// 2022 30th European Signal Processing Conference (EUSIPCO). IEEE, 2022: 1131–1135.

［35］Segura-Bedmar I, Alonso-Bartolome S. Multimodal Fake News Detection［J］. Information, 2022, 13(6): 284.

［36］Shao R, Wu T, Wu J, et al. Detecting and Grounding Multi-modal Media Manipulation and Beyond ［J］. IEEE Transactions on Pattern Analysis and Machine Intelligence, 2024.

［37］Comito C, Caroprese L, Zumpano E. Multimodal Fake News Detection on Social Media: A Survey of Deep Learning Techniques ［J］. Social Network Analysis and Mining, 2023, 13(1): 101.

［38］王国泰，董晶晶，高杨，等．基于 Bert 预训练模型的虚假新闻文本检测［J］．信息技术，2022（1）．

［39］Sheng Q, Zhang X, Cao J, et al. Integrating Pattern-and Fact-based Fake News Detection via Model Preference Learning ［C］// Proceedings of the 30th ACM International Conference on Information & Knowledge Management. 2021: 1640–1650.

［40］倪铭远，邓宏涛，高望．基于图卷积神经网络的虚假新闻检测［J］．计算机应用，2023，43（S1）：49.

［41］Hu B, Sheng Q, Cao J, et al. Bad Actor, Good Advisor: Exploring the Role of Large Language Models in Fake News Detection ［C］// Proceedings of the AAAI

Conference on Artificial Intelligence. 2024, 38(20): 22105–22113.

[42] Hu B, Sheng Q, Cao J, et al. Learn over Aast, Evolve for Future: Forecasting Temporal Trends for Fake News Detection [J] . Arxiv Preprint Rrxiv: 2306.14728, 2023.

[43] Xu X, Deng K, Dann M, et al. Harnessing Network Effect for Fake News Mitigation: Selecting Debunkers via Self-imitation Learning [C] // Proceedings of the AAAI Conference on Artificial Intelligence. 2024, 38(20): 22447–22456.

[44] Yin S, Zhu P, Wu L, et al. GAMC: An Unsupervised Method for Fake News Detection Using Graph Autoencoder with Masking [C] // Proceedings of the AAAI Conference on Artificial Intelligence. 2024, 38(1): 347–355.

[45] Lao A, Zhang Q, Shi C, et al. Frequency Spectrum is More Effective for Multimodal Representation and Fusion: A Multimodal Spectrum Rumor Detector [C] // Proceedings of the AAAI Conference on Artificial Intelligence. 2024, 38(16): 18426–18434.

[46] Tahmasebi S, Müller-Budack E, Ewerth R. Multimodal Misinformation Detection Using Large Vision-language Models [J] . Arxiv Preprint Arxiv: 2407.14321, 2024.

[47] Guo H, Zeng W, Tang J, et al. Interpretable Fake News Detection with Graph Evidence [C] // Proceedings of the 32nd ACM International Conference on Information and Knowledge Management. 2023: 659–668.

[48] Ying L, Yu H U I, Wang J, et al. Fake News Detection via Multi-modal Topic Memory Network [J] . IEEE Access, 2021, 9: 132818–132829.

[49] Lin H, Ma J, Yang R, et al. Towards Low-resource Rumor Detection: Unified Contrastive Transfer with Propagation Structure [J] . Neurocomputing, 2024, 578: 127438.

[50] Ran H, Jia C, Zhang P, et al. MGAT-ESM: Multi-channel Graph Attention Neural Network with Event-sharing Module for Rumor Detection [J] . Information Sciences, 2022, 592: 402–416.

[51] Wu L, Long Y, Gao C, et al. MFIR: Multimodal Fusion and Inconsistency Reasoning for Explainable Fake News Detection [J] . Information Fusion, 2023, 100:

101944.

[52] Shao R, Wu T, Liu Z. Detecting and Grounding Multi-modal Media Manipulation [C] // Proceedings of the IEEE/CVF Conference on Computer Vision and Pattern Recognition. 2023: 6904-6913.

[53] Chen Y, Li D, Zhang P, et al. Cross-modal Ambiguity Learning for Multimodal Fake News Detection [C] // Proceedings of the ACM Web Conference 2022. 2022: 2897-2905.

[54] Li P, Sun X, Yu H, et al. Entity-oriented Multi-modal Alignment and Fusion Network for Fake News Detection [J] . IEEE Transactions on Multimedia, 2021, 24: 3455-3468.

[55] Nakamura K, Levy S, Wang W Y. Fakeddit: A New Multimodal Benchmark Dataset for Fine-grained Fake News Detection [J] . Arxiv Preprint Arxiv:1911.03854, 2019.

[56] Li Q, Gao M, Zhang G, et al. Towards Multimodal Disinformation Detection by Vision-language Knowledge Interaction [J] . Information Fusion, 2024, 102: 102037.

[57] Chen W, Wang W, Liu L, et al. New Ideas and Trends in Deep Multimodal Content Understanding: A Review [J] . Neurocomputing, 2021, 426: 195-215.

[58] Song X, Chen J, Wu Z, et al. Spatial-temporal Graphs for Cross-modal Text2video Retrieval [J] . IEEE Transactions on Multimedia, 2021, 24: 2914-2923.

[59] Lei C, Yimeng X I, Libo L I U. Survey on Video-text Cross-modal Retrieval [J] . Journal of Computer Engineering & Applications, 2024, 60(4).

[60] He Y, Xiang S, Kang C, et al. Cross-modal Retrieval via Deep and Bidirectional Representation learning [J] . IEEE Transactions on Multimedia, 2016, 18(7): 1363-1377.

[61] Cao D, Zeng Y, Liu M, et al. Strong: Spatio-temporal Reinforcement Learning for Cross-modal Video Moment Localization [C] // Proceedings of the 28th ACM International Conference on Multimedia. 2020: 4162-4170.

[62] Wang H, Zha Z J, Chen X, et al. Dual Path Interaction Network for Video Moment Localization [C] // Proceedings of the 28th ACM International Conference on

Multimedia. 2020: 4116–4124.

[63] Liu M, Wang X, Nie L, et al. Attentive Moment Retrieval in Videos [C] // The 41st International ACM SIGIR Conference on Research & Development in Information Retrieval. 2018: 15–24.

[64] Yang Y, Li Z, Zeng G. A Survey of Temporal Activity Localization via Language in Untrimmed Videos [C] // 2020 International Conference on Culture-oriented Science & Technology (ICCST). IEEE, 2020: 596–601.

[65] Liao M, Pang G, Huang J, et al. Mask Textspotter v3: Segmentation Proposal Network for Robust Scene Text Spotting [C] // Computer Vision – ECCV 2020: 16th European Conference, Glasgow, UK, August 23 – 28, 2020, Proceedings, Part XI 16. Springer International Publishing, 2020: 706–722.

[66] Xiao S, Chen L, Zhang S, et al. Boundary Proposal Network for Two-stage Natural Language Video Localization [C] // Proceedings of the AAAI Conference on Artificial Intelligence. 2021, 35(4): 2986–2994.

[67] Chen S, Jiang Y G. Semantic Proposal for Activity Localization in Videos via Sentence Query [C] // Proceedings of the AAAI Conference on Artificial Intelligence. 2019, 33(01): 8199–8206.

[68] Chen J, Chen X, Ma L, et al. Temporally Grounding Natural Sentence in Video [C] // Proceedings of the 2018 Conference on Empirical Methods in Natural Language Processing. 2018: 162–171.

[69] Zhang D, Dai X, Wang X, et al. Man: Moment Alignment Network for Natural Language Moment Retrieval via Iterative Graph Adjustment [C] // Proceedings of the IEEE/CVF Conference on Computer Vision and Pattern Recognition. 2019: 1247–1257.

[70] Yuan Y, Ma L, Wang J, et al. Semantic Conditioned Dynamic Modulation for Temporal Sentence Grounding in Videos [J] . Advances in Neural Information Processing Systems, 2019, 32.

[71] Zhang H, Sun A, Jing W, et al. Span-based Localizing Network for Natural Language Video Localization [J] . Arxiv Preprint Arxiv: 2004.13931, 2020.

[72] Ji K, Liu J, Hong W, et al. Cret: Cross-modal Retrieval Transformer for

Efficient Text–video Retrieval [C] // Proceedings of the 45th International ACM SIGIR Conference on Research and Development in Information Retrieval. 2022: 949–959.

[73] Luo H, Ji L, Shi B, et al. Univl: A Unified Video and Language Pre–training Model for Multimodal Understanding And Generation [J] . Arxiv Preprint Arxiv: 2002. 06353, 2020.

[74] Sun C, Myers A, Vondrick C, et al. Videobert: A Joint Model for Video and Language Representation Learning [C] // Proceedings of the IEEE/CVF International Conference on Computer Vision. 2019: 7464–7473.

[75] Zhu L, Yang Y. Actbert: Learning Global–local Video–text Representations [C] // Proceedings of the IEEE/CVF Conference on Computer Vision and Pattern Recognition. 2020: 8746–8755.

[76] Ge Y, Ge Y, Liu X, et al. Bridging Video–text Retrieval with Multiple Choice Questions [C] // Proceedings of the IEEE/CVF Conference on Computer Vision and Pattern Recognition. 2022: 16167–16176.

[77] Wang Y, Dong J, Liang T, et al. Cross–lingual Cross–modal Retrieval with Noise–robust Learning [C] // Proceedings of the 30th ACM International Conference on Multimedia. 2022: 422–433.

[78] Dong J, Long Z, Mao X, et al. Multi–level Alignment Network for Domain Adaptive Cross–modal Retrieval [J] . Neurocomputing, 2021, 440: 207–219.

[79]Jaimes A, Sebe N. Multimodal Human – computer Interaction: A Survey [J]. Computer Vision and Image Understanding, 2007, 108(1–2): 116–134.

[80] Pantic M, Rothkrantz L J M. Toward an Affect–sensitive Multimodal Human–computer Interaction [J] . Proceedings of the IEEE, 2003, 91(9): 1370–1390.

[81] Tang Y, Xu C, Xu F, et al. Application of Deep Neural Network and Human–computer Interaction Technology Based on Multimodal Perception in Art Design [J] . Applied Mathematics and Nonlinear Sciences, 2024, 9(1).

[82] Birbaumer N. Breaking the Silence: Brain – computer Interfaces (BCI) for Communication and Motor Control [J] . Psychophysiology, 2006, 43(6): 517–532.

[83] Gürkök H, Nijholt A. Brain – computer Interfaces for Multimodal Interaction: A Survey and Principles [J] . International Journal of Human–computer

Interaction, 2012, 28(5): 292–307.

[84] Zhao R, Wang K, Divekar R, et al. An Immersive System with Multi–modal Human–computer Interaction [C] // 2018 13th IEEE International Conference on Automatic Face & Gesture Recognition (FG 2018). IEEE, 2018: 517–524.

[85] Zhou L, Feng Z, Wang H, et al. MIUIC: A Human–computer Collaborative Multimodal Intention–understanding Algorithm Incorporating Comfort Analysis [J] . International Journal of Human - computer Interaction, 2023: 1–14.

[86] Sharma R, Pavlovic V I, Huang T S. Toward Multimodal Human–computer interface [J] . Proceedings of the IEEE, 1998, 86(5): 853–869.

[87] Liang W, Meo P D, Tang Y, et al. A Survey of Multi–modal Knowledge Graphs: Technologies and Trends [J] . ACM Computing Surveys, 2024, 56(11): 1–41.

[88] Chen X, Zhang N, Li L, et al. Hybrid Transformer with Multi–level Fusion for Multimodal Knowledge Graph Completion [C] // Proceedings of the 45th International ACM SIGIR Conference on Research and Development in Information Retrieval. 2022: 904–915.

[89] Lee J, Wang Y, Li J, et al. Multimodal Reasoning with Multimodal Knowledge Graph [J] . Arxiv Preprint Arxiv: 2406. 02030, 2024.

[90] Liang K, Meng L, Liu M, et al. A Survey of Knowledge Graph Reasoning on Graph Types: Static, Dynamic, and Multi–modal [J] . IEEE Transactions on Pattern Analysis and Machine Intelligence, 2024.

[91] Wu M, Gong Y, Lu H, et al. Large Models and Multimodal: A Survey of Cutting–edge Approaches to Knowledge Graph Completion [C] // International Conference on Intelligent Computing. Singapore: Springer Nature Singapore, 2024: 163–174.

[92] Chen M, Tian Y, Yang M, et al. Multilingual Knowledge Graph Embeddings for Cross–lingual Knowledge Alignment [J] . ArXiv Preprint ArXiv: 1611.03954, 2016.

[93] 王欢，宋丽娟，杜方 . 基于多模态知识图谱的中文跨模态实体对齐方法 [J] . 计算机工程，2023，49（12）：88—95.

[94] Liu S K, Xu R L, Geng B Y, et al. Metaknowledge Extraction Based on

Multi-modal Documents [J] . IEEE Access, 2021, 9: 50050–50060.

[95] Rinaldi A M, Russo C, Tommasino C. A Semantic Approach for Document Classification Using Deep Neural Networks and Multimedia Knowledge Graph [J] . Expert Systems with Applications, 2021, 169: 114320.

[96] Neudecker C, Baierer K, Gerber M, et al. A Survey of OCR Evaluation Tools and Metrics [C] // Proceedings of the 6th International Workshop on Historical Document Imaging and Processing. 2021: 13–18.

[97] Zhu J, Huang C, De Meo P. DFMKE: A Dual Fusion Multi-modal Knowledge Graph Embedding Framework for Entity Alignment [J] . Information Fusion, 2023, 90: 111–119.

[98] Chen R, Chen T, Hui X, et al. Knowledge Graph Transfer Network for Few-shot Recognition [C] // Proceedings of the AAAI Conference on Artificial Intelligence. 2020, 34(07): 10575–10582.

[99] Kampffmeyer M, Chen Y, Liang X, et al. Rethinking Knowledge Graph Propagation for Zero-shot Learning [C] // Proceedings of the IEEE/CVF Conference on Computer Vision and Pattern Recognition. 2019: 11487–11496.

[100] Khan M R, Blumenstock J E. Multi-gcn: Graph Convolutional Networks for Multi-view Networks, with Applications to Global Poverty [C] // Proceedings of the AAAI Conference on Artificial Intelligence. 2019, 33(01): 606–613.

[101] Chen W, Liu Y, Wang W, et al. Deep Image Retrieval: A Survey [J] . Arxiv Preprint Arxiv: 2101. 11282, 2021, 1(3): 6.

[102] Rehman M, Iqbal M, Sharif M, et al. Content Based Image Retrieval: Survey [J] . World Applied Sciences Journal, 2012, 19(3): 404–412.

[103] Xu P, Hospedales T M, Yin Q, et al. Deep Learning for Free-hand Sketch: A Survey [J] . IEEE Transactions on Pattern Analysis and Machine Intelligence, 2022, 45(1): 285–312.

[104] Cao G, Iosifidis A, Chen K, et al. Generalized Multi-view Embedding for Visual Recognition and Cross-modal Retrieval [J] . IEEE Transactions on Cybernetics, 2017, 48(9): 2542–2555.

[105] Yan H, Song C. Multi-scale Deep Relational Reasoning for Facial Kinship

Verification [J]. Pattern Recognition, 2021, 110: 107541.

[106] Perez E, Strub F, De Vries H, et al. Film: Visual Reasoning with a General Conditioning Layer [C] // Proceedings of the AAAI Conference on Artificial Intelligence. 2018, 32(1).

[107] Nagarajan T, Grauman K. Attributes as Operators: Factorizing Unseen Attribute-object Compositions [C] // Proceedings of the European Conference on Computer Vision (ECCV). 2018: 169–185.

[108] Vo N, Jiang L, Sun C, et al. Composing Text and Image for Image Retrieval-an Empirical Odyssey [C] // Proceedings of the IEEE/CVF Conference on Computer Vision and Pattern Recognition. 2019: 6439–6448.

[109] Anwaar M U, Labintcev E, Kleinsteuber M. Compositional Learning of Image-text Query for Image Retrieval [C] // Proceedings of the IEEE/CVF Winter Conference on Applications of Computer Vision. 2021: 1140–1149.

[110] Targ S, Almeida D, Lyman K. Resnet in Resnet: Generalizing Residual Architectures [J]. Arxiv Preprint Arxiv: 1603. 08029, 2016.

[111] Devlin J, Chang M W, Lee K, et al. Bert: Pre-training of Deep Bidirectional Transformers for Language Understanding [J]. Arxiv Preprint ArXiv: 1810.04805, 2018.

[112] Kaya M, Bilge H Ş. Deep Metric Learning: A Survey [J]. Symmetry, 2019, 11(9): 1066.

[113] Niu T Z, Dong S S, Chen Z D, et al. Semantic Enhanced Video Captioning with Multi-feature fusion [J]. ACM Transactions on Multimedia Computing, Communications and Applications, 2023, 19(6): 1–21.

[114] Majumder S, Kehtarnavaz N. Vision and Inertial Sensing Fusion for Human Action Recognition: A Review [J]. IEEE Sensors Journal, 2020, 21(3): 2454–2467.

[115] Wang J, Xia L, Ma W. Human Action Recognition Based on Motion Feature and Manifold Learning [J]. IEEE Access, 2021, 9: 89287–89299.

[116] Cha J, Saqlain M, Kim D, et al. Learning 3D Skeletal Representation from Transformer for Action Recognition [J]. IEEE Access, 2022, 10: 67541–67550.

[117] Wang Y, Xiao Y, Xiong F, et al. 3DV: 3D Dynamic Voxel for Action

Recognition in Depth Video [C] // Proceedings of the IEEE/CVF Conference on Computer Vision and Pattern Recognition. 2020: 511–520.

[118] Sun Z, Ke Q, Rahmani H, et al. Human Action Recognition from Various Data Modalities: A Review [J] . IEEE Transactions on Pattern Analysis and Machine Intelligence, 2022, 45(3): 3200–3225.

[119] Li Y, Liu Y, Zhang C. What Elements are Essential to Recognize Human Actions? [C] // CVPR Workshops. 2019.

[120] Hinton G, Vinyals O, Dean J. Distilling the Knowledge in a Neural Network [J] . Arxiv Preprint Arxiv: 1503. 02531, 2015.

[121] Romero A, Ballas N, Kahou S E, et al. Fitnets: Hints for Thin Deep Nets [J] . Arxiv Preprint Arxiv: 1412.6550, 2014.

[122] Zagoruyko S, Komodakis N. Paying More Attention to Attention: Improving the Performance of Convolutional Neural Networks via Attention Transfer [J] . Arxiv Preprint Arxiv: 1612. 03928, 2016.

[123] Shu C, Liu Y, Gao J, et al. Channel-wise Knowledge Distillation for Dense Prediction [C] // Proceedings of the IEEE/CVF International Conference on Computer Vision. 2021: 5311–5320.

[124] Liu L, Huang Q, Lin S, et al. Exploring Inter-channel Correlation for Diversity-preserved Knowledge Distillation [C] // Proceedings of the IEEE/CVF International Conference on Computer Vision. 2021: 8271–8280.

[125] Park S, Heo Y S. Knowledge Distillation for Semantic Segmentation Using Channel and Spatial Correlations and Adaptive Cross Entropy [J] . Sensors, 2020, 20(16): 4616.

[126] Gou J, Sun L, Yu B, et al. Hierarchical Multi-attention Transfer for Knowledge Distillation [J] . ACM Transactions on Multimedia Computing, Communications and Applications, 2023, 20(2): 1–20.

[127] Garcia N C, Morerio P, Murino V. Modality Distillation with Multiple Stream Networks for Action Recognition [C] // Proceedings of the European Conference on Computer Vision (ECCV). 2018: 103–118.

[128] Crasto N, Weinzaepfel P, Alahari K, et al. Mars: Motion-augmented RGB

Stream for Action Recognition [C] // Proceedings of the IEEE/CVF Conference on Computer Vision and Pattern Recognition. 2019: 7882–7891.

[129] Xu C, Wu X, Li Y, et al. Cross–modality Online Distillation for Multi–view Action Recognition [J] . Neurocomputing, 2021, 456: 384–393.

[130] Garcia N C, Bargal S A, Ablavsky V, et al. Distillation Multiple Choice Learning for Multimodal Action Recognition [C] // Proceedings of the IEEE/CVF Winter Conference on Applications of Computer Vision. 2021: 2755–2764.

[131] Bruce X B, Liu Y, Chan K C C. Multimodal Fusion via Teacher–student Network for Indoor Action Recognition [C] // Proceedings of the AAAI Conference on Artificial Intelligence. 2021, 35(4): 3199–3207.

[132] Kong Q, Wu Z, Deng Z, et al. Mmact: A large–scale Dataset for Cross Modal Human Action Understanding [C] // Proceedings of the IEEE/CVF International Conference on Computer Vision. 2019: 8658–8667.

[133] Wang J, Nie X, Xia Y, et al. Cross–view Action Modeling, Learning and Recognition [C] // Proceedings of the IEEE Conference on Computer Vision and Pattern Recognition. 2014: 2649–2656.

[134] Kuehne H, Jhuang H, Garrote E, et al. HMDB: A Large Video Database for Human Motion Recognition [C] //2011 International Conference on Computer Vision. IEEE, 2011: 2556–2563.

[135] 王澳回，张珑，宋文宇，等 . 端到端流式语音识别研究综述 [J] . 计算机工程与应用，2023，59（2）.

[136] 王彩霞 . 基于深度学习的人脸情绪识别的研究 [D] . 内蒙古大学，2022.

[137] 吴中伟 . 基于深度学习的视听语音识别研究 [D] . 浙江大学，2022.

[138] 潘家辉，何志鹏，李自娜，等 . 多模态情绪识别研究综述 [J] . 智能系统学报，2020，15（4）：633—645.

[139]钱胜胜，张天柱，徐常胜 . 多媒体社会事件分析综述[J]. 计算机科学，2021， 48（3）：97—112.

[140] Soleymani M, Garcia D, Jou B, et al. A Survey of Multimodal Sentiment Analysis [J] . Image and Vision Computing, 2017, 65: 3–14.

[141] Liu B. Sentiment Analysis and Opinion Mining [M] . Springer Nature, 2022.

[142] 陈壮，钱铁云，李万理，等 . 低资源方面级情感分析研究综述 [J] . 计算机学报，2023，46 (07) ：1445—1472.

[143] Ortis A, Farinella G M, Battiato S. Survey On Visual Sentiment Analysis [J] . IET Image Processing, 2020, 14(8): 1440–1456.

[144] Gandhi A, Adhvaryu K, Poria S, et al. Multimodal Sentiment Analysis: A Systematic Review of History, Datasets, Multimodal Fusion Methods, Applications, Challenges and Future Directions [J] . Information Fusion, 2023, 91: 424–444.

[145] Tripathi S, Tripathi S, Beigi H. Multi–modal Emotion Recognition on Iemocap Dataset Using Deep Learning [J] . Arxiv Preprint Arxiv: 1804. 05788, 2018.

[146] Akhtar M S, Chauhan D S, Ghosal D, et al. Multi–task Learning for Multi–modal Emotion Recognition and Sentiment Analysis [J] . Arxiv Preprint ArXiv: 1905.05812, 2019.

[147] Dutta S, Ganapathy S. HCAM–Hierarchical Cross Attention Model for Multi–modal Emotion Recognition [J] . Arxiv Preprint ArXiv: 2304.06910, 2024.

[148] Wu C H, Liang W B. Emotion Recognition of Affective Speech Based on Multiple Classifiers Using Acoustic–prosodic Information and Semantic Labels [J] . IEEE Transactions on Affective Computing, 2010, 2(1): 10–21.

[149] Zhang D, Ju X, Zhang W, et al. Multi–modal Multi–label Emotion Recognition with Heterogeneous Hierarchical Message Passing [C] // Proceedings of the AAAI Conference on Artificial Intelligence. 2021, 35(16): 14338–14346.

[150] 杨力，钟俊弘，张赟，等 . 基于复合跨模态交互网络的时序多模态情感分析 [J] . 计算机科学与探索，2024，18 (5) .

[151] Liu W, Wang H, Shen X, et al. The Emerging Trends of Multi–label Learning [J] . IEEE Transactions on Pattern Analysis and Machine Intelligence, 2021, 44(11): 7955–7974.

[152] Devlin J, Chang M W, Lee K, et al. Bert: Pre–training of Deep Bidirectional Transformers for Language Understanding [J] . Arxiv Preprint Arxiv: 1810. 04805, 2018.

［153］Pham H, Liang P P, Manzini T, et al. Found in Translation: Learning Robust Joint Representations by Cyclic Translations between Modalities ［C］// Proceedings of the AAAI Conference on Artificial Intelligence. 2019, 33(01): 6892–6899.

［154］Xing S, Mai S, Hu H. Adapted Dynamic Memory Network for Emotion Recognition in Conversation ［J］. IEEE Transactions on Affective Computing, 2020, 13(3): 1426–1439.

［155］Shen Y, Yu H, Sanghavi S, et al. Extreme Multi–label Classification from Aggregated Labels ［C］// International Conference on Machine Learning. PMLR, 2020: 8752–8762.

［156］Read J, Pfahringer B, Holmes G, et al. Classifier Chains for Multi–label Classification ［J］. Machine Learning, 2011, 85: 333–359.

［157］Tsoumakas G, Katakis I, Vlahavas I. Random K–labelsets for Multilabel Classification ［J］. IEEE Transactions on Knowledge and Data Engineering, 2010, 23(7): 1079–1089.

［158］Yang P, Luo F, Ma S, et al. A Deep Reinforced Sequence–to–set Model for Multi–label Classification ［C］// Proceedings of the 57th Annual Meeting of the Association for Computational Linguistics. 2019: 5252–5258.

［159］Chen Z M, Wei X S, Wang P, et al. Multi–label image Recognition with Graph Convolutional Networks ［C］// Proceedings of the IEEE/CVF Conference on Computer Vision and Pattern Recognition. 2019: 5177–5186.

［160］Wang J, Yang Y, Mao J, et al. CNN–RNN: A Unified Framework for Multi–label Image Classification ［C］// Proceedings of the IEEE Conference on Computer Vision and Pattern Recognition. 2016: 2285–2294.

［161］Goodfellow I, Pouget–Abadie J, Mirza M, et al. Generative Adversarial Nets ［J］. Advances in Neural Information Processing Systems, 2014, 27.

［162］He K, Zhang X, Ren S, et al. Deep Residual Learning for Image Recognition ［C］// Proceedings of the IEEE Conference on Computer Vision and Pattern Recognition. 2016: 770–778.

［163］Baltrušaitis T, Robinson P, Morency L P. Openface: An Open Source Facial Behavior Analysis Toolkit ［C］// 2016 IEEE Winter Conference on Applications of Computer Vision (WACV). IEEE, 2016: 1–10.

[164] Degottex G, Kane J, Drugman T, et al. COVAREP—A Collaborative Voice Analysis Repository for Speech Technologies [C] // 2014 IEEE International Conference on Acoustics, Speech and Signal Processing (ICASSP). IEEE, 2014: 960–964.

[165] Pennington J, Socher R, Manning C D. Glove: Global Vectors for Word Representation [C] // Proceedings of the 2014 Conference on Empirical Methods in Natural Language Processing (EMNLP). 2014: 1532–1543.

[166] Wu X, Chen Q G, Hu Y, et al. Multi–view Multi–label Learning with View–specific Information Extraction [C] // IJCAI. 2019: 3884–3890.

[167] Hazarika D, Zimmermann R, Poria S. Misa: Modality–invariant and–specific Representations for Multimodal Sentiment Analysis [C] // Proceedings of the 28th ACM International Conference on Multimedia. 2020: 1122–1131.

[168] Belhi A, Bouras A, Foufou S. Towards a Hierarchical Multitask Classification Framework for Cultural Heritage [C] //2018 IEEE/ACS 15th International Conference on Computer Systems and Applications (AICCSA). IEEE, 2018: 1–7.

[169] Rei L, Mladenic D, Dorozynski M, et al. Multimodal Metadata Assignment for Cultural Heritage Artifacts [J] . Multimedia Systems, 2023, 29(2): 847–869.

[170] Jun W, Tianliang Z, Jiahui Z, et al. Hierarchical Multiples Self–attention Mechanism for Multi–modal Analysis [J] . Multimedia Systems, 2023, 29(6): 3599–3608.

[171] 魏富强，古兰拜尔・吐尔洪，买日旦・吾守尔 . 生成对抗网络及其应用研究综述 [J] . 计算机工程与应用，2021，57 (19) ：18—31.

[172] Frolov S, Hinz T, Raue F, et al. Adversarial Text–to–image Synthesis: A Review [J] . Neural Networks, 2021, 144: 187–209.

[173] He L, Wei Q, Gong M, et al. Multi–source Feature–fusion Method for the Seismic Data of Cultural Relics Based on Deep Learning [J] . Sensors (Basel, Switzerland), 2024, 24(14).

[174] Xu W, Fu Y. Deep Learning Algorithm in Ancient Relics Image Colour Restoration

Technology [J] . Multimedia Tools and Applications, 2023, 82(15): 23119–23150.

[175] LV H H.The Linguistics of Chinese Sign Language [M] . Beijing: Intellectual Property Publishing House, 2019.

[176] Camgoz N C, Koller O, Hadfield S, et al. Sign Language Transformers: Joint End-to-end Sign Language Recognition and Translation [C] // Proceedings of the IEEE/CVF Conference on Computer Vision and Pattern Recognition. 2020: 10023–10033.

[177] Guo D, Zhou W, Li A, et al. Hierarchical Recurrent Deep Fusion Using Adaptive Clip Summarization for Sign Language Translation [J] . IEEE Transactions on Image Processing, 2019, 29: 1575–1590.

[178] Li D, Xu C, Yu X, et al. Tspnet: Hierarchical Feature Learning via Temporal Semantic Pyramid for Sign Language Translation [J] . Advances in Neural Information Processing Systems, 2020, 33: 12034–12045.

[179] Chen Y, Wei F, Sun X, et al. A Simple Multi-modality Transfer Learning Baseline for Sign Language Translation [C] // Proceedings of the IEEE/CVF Conference on Computer Vision and Pattern Recognition. 2022: 5120–5130.

[180] Camgoz N C, Koller O, Hadfield S, et al. Multi-channel Transformers for Multi-articulatory Sign Language Translation [C] //Computer Vision – ECCV 2020 Workshops: Glasgow, UK, August 23 – 28, 2020, Proceedings, Part IV 16. Springer International Publishing. 2020: 301–319.

[181] Fang B, Co J, Zhang M. Deepasl: Enabling Ubiquitous and Non-intrusive Word and Sentence-level Sign Language Translation [C] // Proceedings of the 15th ACM Conference on Embedded Network Sensor Systems. 2017: 1–13.

[182] Yin K, Read J. Better Sign Language Translation with STMC-transformer [J] . Arxiv Preprint Arxiv: 2004. 00588, 2020.

[183] Zhou H, Zhou W, Qi W, et al. Improving Sign Language Translation with Monolingual Data by Sign Back-translation [C] // Proceedings of the IEEE/CVF Conference on Computer Vision and Pattern Recognition. 2021: 1316–1325.

[184] Yin A, Zhao Z, Liu J, et al. Simulslt: End-to-end Simultaneous Sign Language Translation [C] // Proceedings of the 29th ACM International Conference on

Multimedia. 2021: 4118–4127.

[185] Zhang, Y., Xu, C., Xu, C., Tao, D., & Wang, Z. (2020). Multimodal Continuous Sign Language Recognition: A Review and Benchmark. IEEE Transactions on Multimedia, 22(5), 1160–1175.

[186] Cui R, Liu H, Zhang C. A Deep Neural Framework for Continuous Sign Language Recognition by Iterative Training [J] . IEEE Transactions on Multimedia, 2019, 21(7): 1880–1891.

[187] Li, C., Yuan, T., Wu, F., Li, Z., & Hu, W. Multi–modal Continuous Sign Language Recognition: A Review. In 2021 IEEE 4th International Conference on Multimedia Information Processing and Retrieval (MIPR), 50–56.

[188] Wei, S., Li, X., Zou, J., & Chen, Q. Recent Advances in Multimodal Continuous Sign Language Recognition. ACM Computing Surveys, 54(5), 1–28.

[189] Hu, R., Shao, J., Zhang, J., & Li, H. Multimodal Continuous Sign Language Recognition: A Survey. IEEE Access, 7, 80464–80482.

[190] Gao, P., He, X., & Zhang, Y. Multi–modal Fusion for Video Description. In Proceedings of the AAAI Conference on Artificial Intelligence.

[191] Zhou, H., Wang, L., & Chen, H. A Survey of Multimodal Fusion Methods in Natural Language Processing. ACM Computing Surveys (CSUR), 54(6), 1–37.

[192] Liu, J., Wang, Y., & Zhang, Q. Multimodal Sentiment Analysis Using Deep Learning Techniques. Information Fusion, 79, 57–68.

[193] Yuxuan Wang, RJ Skerry–Ryan, Daisy Stanton, Yonghui Wu, Ron J Weiss, Navdeep Jaitly, Zongheng Yang, Ying Xiao, Zhifeng Chen, Samy Bengio, et al. Tacotron: Towards End–to–end Speech Synthesis. Proc. Interspeech 2017, 4006–4010.

[194] Shen J, Pang R, Weiss R J, et al. Natural TTS Synthesis by Conditioning Wavenet on Mel Spectrogram Predictions [C] //2018 IEEE International Conference on Acoustics, Speech and Signal Processing (ICASSP). IEEE, 2018: 4779–4783.

[195] Li N, Liu S, Liu Y, et al. Neural Speech Synthesis with Transformer Network [C] // Proceedings of the AAAI Conference on Artificial Intelligence. 2019, 33(01): 6706–6713.

[196] Ren Y, Ruan Y, Tan X, et al. Fastspeech: Fast, Robust and Controllable

Text to Speech ［J］. Advances in Neural Information Processing Systems, 2019, 32.

［197］Ren Y, Hu C, Tan X, et al. Fastspeech 2: Fast and High-quality End-to-end Text to Speech ［J］. Arxiv Preprint Arxiv: 2006. 04558, 2020.

［198］Shi Z. A Survey on Audio Synthesis and Audio-visual Multimodal Processing ［J］. Arxiv Preprint Arxiv: 2108. 00443, 2021.

［199］黄鸿胜. 自动驾驶场景下的车辆检测技术研究［D］. 广州：广东工业大学，2018.

［200］张裕天. 基于视觉感知的多模态多任务端到端自动驾驶方法研究［D］. 广州：华南理工大学，2019.

［201］张燕咏，张莎，张昱，等. 基于多模态融合的自动驾驶感知及计算［J］. 计算机研究与发展，2020，57（09）：1781—1799.

［202］张新钰，邹镇洪，李志伟，等. 面向自动驾驶目标检测的深度多模态融合技术［J］. 智能系统学报，2020，15（04）：758—771.

［203］赵廉峣. 基于多模态信息融合情景计算的无人驾驶环境下动态目标感知方法研究［D］. 深圳：深圳大学，2020.

［204］Alaba S Y, Gurbuz A C, Ball J E. Emerging Trends in Autonomous Vehicle Perception: Multimodal Fusion for 3D Object Detection ［J］. World Electric Vehicle Journal, 2024, 15(1): 20.

［205］Teshima T, Niitsuma M, Nishimura H. Determining the Onset of Driver’s Preparatory Action for Take-over in Automated Driving Using Multimodal Data ［J］. Expert Systems with Applications, 2024, 246: 123153.